编目（CIP）数据

：打开工业数据治理之门 / 王建伟主编
人民邮电出版社，2021.9
8-7-115-56677-5

数… Ⅱ. ①王… Ⅲ. ①数据管理－研究 Ⅳ.

版本图书馆CIP数据核字(2021)第104615号

内 容 提 要

书对工业数据的本质、价值、治理、释放潜能等方面进行了详尽的阐述，
进数据流通使用为目标，旨在凝聚各方协同发掘工业数据价值，推动数字经
质量发展，促进工业数据充分使用、全局流动和有序共享。全书分为知数篇、
篇、用数篇和未来篇，帮助读者洞悉数据本质、破解数据谜团、挖掘数据价
释放数据潜能。本书适合传统企业数字化转型升级过程的参与者、从业者以
相关研究者阅读。

◆ 主　　编　王建伟
责任编辑　赵　娟
责任印制　陈　犇

◆ 人民邮电出版社出版发行　　北京市丰台区成寿寺路 11 号
邮编　100164　　电子邮件　315@ptpress.com.cn
网址　https://www.ptpress.com.cn
临西县阅读时光印刷有限公司印刷

◆ 开本：880×1230　1/32
印张：10.25　　　　　　　2021 年 9 月第 1 版
字数：195 千字　　　　　　2021 年 9 月河北第 1 次印刷

定价：98.00 元
读者服务热线：(010)81055493　印装质量热线：(010)81055316
反盗版热线：(010)81055315
广告经营许可证：京东市监广登字 20170147 号

数据

打开工业数据

王建伟◎主编

图书在版编

数据为王

— 北京：

ISBN 97

I . ①

①TP274

中国

本

以促

济高

理数

值、

及

人民邮电出版社

北京

编　委　会

十九届四中全会通过的《中共中央关于坚持和完善中国特色社会主义制度 推进国家治理体系和治理能力现代化若干重大问题的决定》，首次将"数据"列为生产要素，这充分反映了党中央对信息技术发展时代特征及未来趋势的准确把握，以及对数字经济时代数据对于经济活动和社会生活巨大价值的战略认知。数据价值的持续释放，正在对产业创新、经济发展、社会治理等产生深层次影响，"用数据说话、用数据决策、用数据管理、用数据创新"正成为经济社会运行的新常态。

在数据规模以前所未有的速度快速增长的同时，构建科学合理的数据治理体系成为数据流通、共享、开发及利用的关键。近年来，我也对数据治理多有关注，并提出了一个治理体系的框架模型。我认为，我们需要构建一个多层次、多维度、多方参与的数据治理体系，需要统筹处理好国家、行业及组织 3 个层级之间的关系，从制度法规、标准规范、应用实践和支撑技术 4 个方面多管齐下，着力抓好数据资产地位确立、管理体制机制、共享与开放、安全与隐私保护 4 个方面的工作，具体如下：一是确立

数据的资产定位，需要将数据的权属、估值、交易、管理等纳入一般资产的管理体系，促进数据的确权、流通、交易和保护；二是构建合理的数据管理体制和机制，建立良好的管控协调机制，提升企业能力，规范行业数据管理，促进数据产业的繁荣；三是积极促进数据共享开放，需要制定不同层次的政策和法规，提供不同层级的技术和平台，促进数据共享、开放、流通和交易，最大化释放数据的价值；四是强化数据安全和隐私保护，需要从法律法规和技术手段等多维度协同，保障国家、组织和个人的数据安全，保护个人隐私。

《数据为王：打开工业数据治理之门》一书针对工业数据探讨其治理问题，围绕工业数据流通、开发与治理等关键问题，从知数、理数、用数等角度剖析数据的本质内涵、价值所在和治理之道，是对工业数据治理的深度思考，相信对读者会有很大启发。

本书作者王建伟同志一直致力于中国的工业信息化事业，拥有长达十余年的两化融合工作经验，对信息化和工业化融合、制造业与互联网融合、制造业"双创"、工业大数据、工业互联网等均有非常深刻的认知和见解，编写了《大化无痕：两化融合强国战略》《工业赋能：深度剖析工业互联网时代的机遇和挑战》《赢在平台：解锁工业互联网的动力密码》《决胜安全：构筑工业互联网平台之盾》《数字领航 换道超车：数字化转型实践探索》《创无止境》等图书。他善于分析提炼与归纳总结，善于将工作积累与产业实践相结合并上升为理论知识，为政府和产业界推动数字经济发展贡献了自己的智慧。

数据作为新的生产要素资源，正在加速驱动资源配置优化、生产方式变革、产业生态重构，推动经济社会发展质量变革、效率变革、动力变革，对经济增长、社会进步、民生改善等产生着深远影响。工业数据治理体系建设是一项复杂的系统工程，既涉及战略、组织、制度等理念变革，又涉及研发、生产、管理、营销、服务等过程改进，还涉及工具、系统、平台等技术升级，希望读者能够从书中汲取知识、获得帮助。

在当前这个充满了"变"与"快"的数字经济时代，需要我们把握趋势、转换观念、直面挑战、锐意进取，大力推进工业领域的数字化转型、网络化重构和智能化提升，加快工业经济向数字经济转型！

中国科学院院士

当前，世界经济数字化转型加速，在全球经济增长乏力背景下，数字经济成为撬动经济增长的新杠杆，成为各国提振经济的重要方向。数字技术加快迭代创新，世界各国加速布局信息技术创新研发和应用，着力构建数字驱动新生态，打造未来竞争新高地。党中央、国务院高度重视工业大数据发展。《促进大数据发展行动纲要》《关于深化"互联网＋先进制造业"发展工业互联网的指导意见》等政策文件的重点任务均提出要促进工业大数据的发展和应用。《关于构建更加完善的要素市场化配置体制机制的意见》印发，明确提出要支持构建工业等领域规范化数据开发利用的场景，提升工业数据资源价值。

奋楫扬帆行致远，勇立潮头谱新篇。在此大背景下，《数据为王：打开工业数据治理之门》一书应运而生。本书是一本以工业数据治理为特色的科普读物，基于工业和信息化部信息技术发展司工业数据分类分级应用试点的工作积累，对工业数据的本质、价值、治理、释放潜能等方面进行了阐述，以促进数据流通使用为目标，旨在凝聚各方协同发掘

工业数据价值，为推进工业数据充分使用、全局流动和有序共享建言献策。全书分为知数篇、理数篇、用数篇、未来篇，共十二章。

知数篇由第一章到第三章构成。第一章走进数据世界，着重介绍了工业数据的概念、内涵、特征等，以及工业数据的历史发展与演进，以探索工业数据之旅、解锁工业数据之谜。第二章发现数据价值，分别从政府战略、产业发展、企业竞争的视角看工业数据。第三章介绍了工业数据隐患：采集能力尚待提升、管理能力相对不足、开发意识略显薄弱、安全隐患日渐突出，全面解读了数据治理面临的挑战。

理数篇由第四章到第七章构成。第四章描述了数据治理所倡导的理念，分别从避免工业数据治理的常见误区、秉持工业数据治理的基本原则、遵循工业数据治理的治理路径3个方面阐述数据治理新思维。第五章介绍了工业数据的分类，从盘点数据资源、构建数据标识体系及流程化数据分类管理等方面理顺数据资源脉络。第六章介绍了工业数据的分级，通过设计分级体系、开展分级管理和分级保护，实现数据的差异化保护。第七章介绍了工业数据的安全，对数据安全技术基础、安全防护体系以及安全管理策略等进行了阐述，着重完善数据安全保障体系。

用数篇由第八章到第十章构成。第八章介绍了数据赋能，从生产要素数据化、产业创新网络化以及生产方式现代化3个方面阐述了生产方式的变革。第九章从市场营销数字化、管理运营实时化、战略决策智能化 3 个方面驱动数据。第十章着重介绍了在数据资产社会化、产品服务数字化以及核心能力共享化方面，数据推动商业模式不断升级。

　　未来篇由第十一章和第十二章构成。第十一章从企业级数据集成、产业级数据融合、生态级数据共享阐述了数据流通体系。第十二章介绍了数字孪生化产业体系、数据密集型企业形态、零工创客式就业模式，绘就数据裂变重塑形成的价值网络。

　　"以数为记，创变未来"。新时代孕育新机遇，面对数字经济发展的浪潮，我们要贯彻落实国家大数据发展战略，共同推进工业数据治理快速发展，助力加快数字中国建设，为经济社会高质量发展提供不竭动力！

目录
Contents

知数篇　洞悉数据本质

第一章　数据解密：走进数据世界　　　　　　　3

探索工业数据之旅　　　　　　　3

解锁工业数据之谜　　　　　　　6

第二章　数据观察：发现数据价值　　　　　　15

从政府战略视角看工业数据　　　15

从产业发展视角看工业数据　　　17

从企业经营视角看工业数据　　　21

第三章　数据之殇：剖析数据隐患　　　　　　26

数据采集能力尚待提升　　　　　26

数据管理能力相对不足　　　　　28

数据开发能力略显薄弱　　　　　30

数据安全隐患日渐突出　　　　　32

理数篇　盘活数据资源

第四章　数据思维：倡导数据治理理念　　　　37

避免工业数据治理的常见误区　　38

秉持工业数据治理的基本原则　　45

提升工业企业的数据治理能力　　48

遵循工业数据治理的治理路径 60

第五章 数据分类：理顺数据资源脉络 71

盘点全域数据资源 71

构建数据标识体系 76

规范数据分类管理 88

第六章 数据分级：实现数据重点保护 108

工业数据分级理念 108

工业数据分级管理 113

工业数据分级实践 117

第七章 数据安全：完善数据保障体系 139

技术手段多元化 139

防护体系立体化 155

管理策略规范化 169

用数篇 挖掘数据价值

第八章 数据赋能：生产方式变革 179

生产要素数据化 179

生产过程现代化 186

生产模式网络化 194

第九章 数据驱动：经营管理创新 210

市场营销数字化 210

管理运营实时化 222

战略决策智能化　　　　　　　　236

第十章　数据予力：商业模式升级　　242

产品服务数智化　　　　　　　　245

核心能力共享化　　　　　　　　249

未来篇　释放数据潜能

第十一章　数据流通：构建数据生态　　255

企业级数据集成　　　　　　　　255

产业级数据融合　　　　　　　　264

生态级数据共享　　　　　　　　268

第十二章　数据裂变：重塑价值网络　　274

数字孪生化产业体系　　　　　　274

数据密集型企业形态　　　　　　280

零工创客式就业模式　　　　　　291

后记　　　　　　　　　　　　　　297

参考文献　　　　　　　　　　　　301

附件1　工业数据分类分级指南（试行）　302

附件2　工业和信息化部关于工业大数据
　　　　发展的指导意见　　　　　　307

知数篇
洞悉数据本质

"

　　随着云计算、大数据、物联网等新兴技术的发展，由数据驱动的第四次工业革命正以势不可当的力量席卷而来。数据是新一轮工业革命的关键要素，引发了土地、劳动力、资本、技术等其他生产要素的变革，重塑着生产、需求、供应、消费乃至社会的组织运行方式，为数字经济培育新的增长点。

"

第一章

数据解密：走进数据世界

探索工业数据之旅

全球工业经历了机械化、电气化、信息化、智能化的历史发展阶段，工业数据随着工业的发展不断演进，从纸质数据向电子数据演进，从单机数据向联网数据演进，从人工录入向实时采集演进，使工业数据逐步成为工业领域的重要生产要素。工业数据演进情况如图 1-1 所示。

> 工业数据是工业领域产品和服务全生命周期产生和应用的数据，包括但不限于工业企业在研发设计、生产制造、经营管理、运维服务等环节中生成和使用的数据，以及工业互联网平台企业在设备接入、平台运行、工业 App 应用等过程中生成和使用的数据。

机械化阶段：手工记录的纸质数据

机械化阶段的时间大概是从 18 世纪 60 年代到 19 世纪中期。此阶段的特征是通过水力和蒸汽机实现工厂机械化。经济社会从以农业、手工业为基础转型到以工业、机械制造带动经济发展的新模式。这次工业革命的结果是机械生产代替了手工劳动。机械化阶段的工业数据是以纸为记录媒介的"纸质数据"。

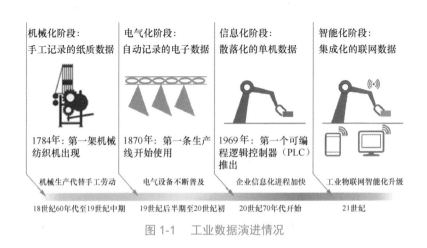

机械化阶段：手工记录的纸质数据	电气化阶段：自动记录的电子数据	信息化阶段：散落化的单机数据	智能化阶段：集成化的联网数据
1784年：第一架机械纺织机出现	1870年：第一条生产线开始使用	1969年：第一个可编程逻辑控制器（PLC）推出	
机械生产代替手工劳动	电气设备不断普及	企业信息化进程加快	工业物联网智能化升级
18世纪60年代至19世纪中期	19世纪后半期至20世纪初	20世纪70年代开始	21世纪

图 1-1　工业数据演进情况

电气化阶段：自动记录的电子数据

电气化阶段的时间大概是从 19 世纪后半期到 20 世纪初。这是在劳动分工基础上采用电力驱动产品的大规模生产。因为有了电力，所以才进入了由继电器、电气自动化控制机械设备生产的年代。这次工业革命通过零部件生产与产品装配的成功分离，开创了产品批量生产的高效新模式。电气化阶段的工业数据随着电气设备的普及不断产生，作为工业操作的经验依据被反复实践。

信息化阶段：散落化的单机数据

信息化阶段即从 20 世纪 70 年代开始并一直延续到现在的信息化时代。在升级电气化与自动化的基础上，广泛应用电子与信息技术，使制造过程自动化控制程度再进一步得到提高。生产效率、良品率、分工合作、机械设备寿命都得到了前所未有的提升。在此阶段，工厂大量采用由个人计算机、可编程逻辑控制器（Programmable Logic Controller，PLC）/ 单片机等真正电子、信息技术自动化控制的机械设备进行生产。自此，机器能够逐步替代人类作业，不仅接管了相当比例的"体力劳动"，还接管了一些"脑力劳动"。信息化阶段的工业数据随着企业信息化进程的加快而迅速积累，成为工业领域传统的数据资产。

智能化阶段：集成化的联网数据

智能化阶段是实体物理世界与虚拟网络世界融合的时代。该阶段利用信息物理系统将生产中的供应、制造、销售信息数据化、智慧化，最后实现快速、有效、个性化的产品供应，旨在将人、事、物都连接起来，形成"万物互联"。基于信息物理系统的智能化，将使人类步入以智能制造为主导的第四次工业革命。产品全生命周期、全制造流程数字化以及基于信息通信技术的模块集成，将形成一种高度灵活、个性化、数字化的产品与服务新生产模式。智能化阶段的工业数据依托物联网载体覆盖和高通量实时传输，

数据量更全，来源更广，应用更多，以联网数据的形式加速替代单机据数据，成为工业领域重要的要素资源。

解锁工业数据之谜

一、工业数据概念：不断演进变化

近年来，智能制造和工业互联网推动了以"个性化定制、网络化协同、智能化生产和服务化延伸"为代表的新兴制造模式的发展，未来，由人产生的数据规模的比重将逐步降低，以机器数据为代表的工业数据所占的比重将越来越大。然而到底该如何定义工业数据呢？

关于工业数据的定义，从广义上来说，工业数据是人和机器在工业产品采购、生产、销售过程中产生的全部数据。人产生的数据包括设计数据、业务数据、产品数据等。机器产生的数据包括生产调度、质量控制、绩效数据等生产设备的数据，以及智能服务等工业产品数据。从狭义上来说，工业数据主要是指工业产品在使用的过程中由传感器采集的以时空序列为主要类型的机器数据，包括装备状态参数、工况负载和作业环境等信息，这一定义由美国通用电气公司于 2012 年提出。

目前有关工业数据的定义，无论是广义上还是狭义上的描述，都不完全符合我国工业系统的管理组织形式。从我国工业数据的产生管理主体角度分析，工业数据是工业领域产品和服务全生命周期产生和应用的数据，包括但不限于工业企业在研发设计、生产制造、经营管理、运维服务等环节中生成和使用的数据，以及工业互联网平台企业在设备接入、平台运行、工业 App 应用等过程中生成和使用的数据。从某种程度上来看，工业数据随着时代的变迁，其主要内容和来源也在不断演进变化。工业数据是智能制造与工业互联网的核心，其本质是通过促进数据的自动流动去解决业务管理和设备控制问题，减少决策过程所带来的不确定性，并尽量克服人工决策的缺点。

具体来看，工业数据涵盖工业领域中从客户需求到订单、计划、研发、设计、工艺、制造、采购、供应、库存、发货和交付、售后服务、运维、报废或回收再制造等工业产品全生命周期的各个阶段，其以产品数据为核心，极大延展了传统工业数据的范围，同时依托智能制造的相关技术和应用发挥了巨大的作用。

二、工业数据内涵：覆盖工业全域全周期

工业数据主要包括工业物联网数据、企业信息化数据和外部跨界数据。

1. 工业物联网数据

近年来，物联网技术快速发展，它能实时自动采集生产设

备上的各种成品质量、产量及消耗数据和智能装备产品的运维状态数据，并对它们实施远程实时监控。狭义上的工业大数据指该类数据，即工业设备和产品快速产生的并且存在时间序列差异的大量数据。在智能装备大量应用的情况下，此类数据量增长最快。例如，三一重工的树根互联平台，通过支持多种工业协议和主流 PLC、数控机床、机器人设备的连接，以及通过消息队列遥测传输与设备的连接，实现工厂内外智能产品设备数据和业务数据的采集。树根互联工业互联网产品质量数据分析如图 1-2 所示。

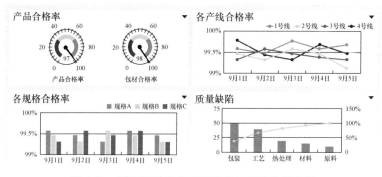

图 1-2　树根互联工业互联网产品质量数据分析

2. 企业信息化数据

20 世纪 60 年代以来，信息技术加速应用于工业领域，工业数据被收集存储在企业信息系统中。具体包括传统工业设计和制造类软件、企业资源规划、制造执行系统、产品生命周期管理、能源管理系统、供应链管理和客户关系管理等企业管理信息系统。这些系统积累的产品研发设计数据、开发测试数据、生产制造数据、供应链数据以及客户服务数据，沉积在企业或产业链内部。此类数据是工业领域传统的数据资产，在移动互联网等新技术应用的环境下正在逐步扩大范围。企业信息化系统如图 1-3 所示。

图 1-3　企业信息化系统

3. 外部跨界数据

互联网促进了工业企业之间、工业与经济社会各个领域深度融合。工业数据不仅存在于企业内部，还存在于产业链和跨产业链的经营主体中。产业链数据是企业供应链和价值链上的数据，一般来自原材料、生产设备、供应商、用户和运维合作商的数据。跨产业链数据指来自于企业产品生产和使用过程中

相关的市场、地理、环境、法律和政府等外部跨界信息和数据。

三、工业数据特征：反映工业逻辑特征

1. 工业数据的本质特征

工业数据作为对工业相关要素的数字化描述和在网络空间的映像，相对于其他类型数据，具有反映工业逻辑的新特征。这些特征可以归纳为多模态、强相关和高通量。

"多模态"。工业数据是工业系统在赛博空间的映像，涉及工业系统设计、运行和管理等方面要素。工业过程记录的完整性要求导致单体数据文件结构通常包含各类信息且较为复杂。例如，三维产品模型文件，同时包含空间形状、模型尺寸、工差、定位、物性等信息。又例如，飞机、风机、机车等复杂产品的数据涉及机械工程、电磁学、流体力学、热力学等多学科领域。因此，数据内生结构所呈现的"多模态"特征也体现出工业数据的复杂性。

"强相关"。工业流程中产品对象、制造工艺和生产决策之间的关联使工业数据之间具备相关性。具体来看，包括产品部件之间的关联关系：零部件组成关系、零件借用、版本及其有效性关系；生产过程的数据关联，例如，跨工序大量工艺参数关联关系、生产过程与产品质量的关系、运行环境与设备状态的关系等；产品生命周期的设计、制造、服务等不同环节的数

据之间的关联，例如，仿真过程与产品实际工况之间的联系；在产品生命周期的统一阶段所涉及的不同学科、不同专业的数据关联，例如，民用飞机预研过程中会涉及总体设计方案数据、总体需求数据、气动设计及气动力学分析数据、声学模型数据及声学分析数据、飞机结构设计数据、零部件及组装体强度分析数据、系统及零部件可靠性分析数据等。数据之间的"强相关"反映的就是工业的系统性及其复杂的动态关系。

"高通量"。工业互联网时代，嵌入了传感器的智能互联产品能够实现生产过程的实时感知。从工业数据体量上来看，物联网数据已经成为工业数据的主体。以风机装备为例，根据IEC61400-25《风能发电系统 第 5 部分：风力发电机组风轮叶长》国际标准，持续运转风机的故障状态的数据采样频率为50Hz，单台风机每秒产生 225K 字节传感器数据，按 2 万台风机计算，如果全量采集每秒写入速率为 4.5Gbit/s。具体来说，机器设备所产生的时序数据可以总结为以下几个特点：海量的设备与测点、数据采集频度高（产生速度快）、数据总吞吐量大、"7×24"小时持续不断，呈现出"高通量"的特征。

2. 工业数据的应用特征

工业数据的应用过程涉及工业产品全生命周期相关的各个环节，具有典型的系统性特征。工业系统同时具有输入输出强相关的"确定性"和开放系统复杂多变导致的"不确定性"。

一方面，工业系统设计一般基于科学理论原理和行业操作经验，输入输出之间的关系体现为强相关的确定性，这也是工业系统有效运行的基础。具体表现为设计过程中对用户需求、制造能力的准确把握，以及工业制造所追求的生产过程持续稳定、供应链安全可靠、运行高效率和产品高质量。另一方面，工业系统作为开放的动态系统，运作过程中面临复杂多变的内外部环境，同时，工业产品全生命周期的各个阶段都面临不确定性，例如，外部市场与用户需求等因素的不确定性、制造过程中"人、机、料、法、环"等要素的不确定性，以及产品使用和运行环境的不确定性等。提前感知信息，实现基于数据的决策是工业系统布局和有效应对不确定性的关键。

基于工业系统的特征分析和工业对象的特性需求，工业数据的应用特征可以归纳为跨维度、高协同、多因素、强因果、重原理等几个方面。其中，"跨维度""高协同"主要体现在工业数据支撑工业企业的网络化、协同化和智能化制造过程中。"多因素""强因果""重原理"体现在工业数据支撑工业生产的过程分析、对象建模和虚拟制造，并应用于企业数字化转型的推进过程中。工业过程追求确定性、消除不确定性，决定了工业数据的应用过程必须关注影响因素、注重关联因果、强调知识原理。

工业数据"跨维度"的应用特征来自于工业系统运行的复杂性。从业务需求来看，信息通信技术的广泛深入应用，能将设备、车间、工厂、供应链及社会环境等不同生态主体的系统在赛博空间中联系在一起。从空间布局来看，工业互联网建设强调横纵向和端到端集成，即把分散在各处的数据集成化。同时，工业系统在持续运作的过程中，操作上需要将毫秒级、分钟级、小时级等不同时间尺度的数据集成起来。

工业数据"高协同"的应用特征通常表现为"牵一发而动全身"。具体到工业企业，就是某台设备、某个部门、某个用户的局部问题，能够引发工艺流程、生产组织、销售服务、仓储运输的变化。这就要通过整个企业乃至供应链上多个部门和单位的大范围协同才能做到。工业系统强调系统的动态协同，工业数据就要支持这个协同的业务需求。

工业数据"多因素"的应用特征是指与数据关联的影响因素特别多，这是由工业对象作为复杂动态系统的特性所决定的。对应到工业数据的分析应用，通常需要完整认识工业系统的全貌，才能得到正确的判断结果。同时，认清"多因素"特征对于工业数据的采集汇聚有着重要的指导作用。此外，对于非线性、机理不清晰的工业系统，"多因素"会导致针对数据的问题解决和决策判断的维度上升、不确定性增加。

工业数据"强因果"的应用特征源于工业系统对确定性的高度追求。为了把数据分析结果用于指导和优化工业过程，其本身就要可靠性极高。这就要求在数据准确完备的基础上，进行全面、科学、深入的分析。特别是对于动态的工业过程，数据的关联和对应关系必须准确、动态数据的时序关系不能错乱。

　　工业数据"**重原理**"的应用特征是获得高可靠分析结果的保证。针对众多可能的影响因素，需要"先验知识"即工业理论来排除无关干扰。在数据维度较高的前提下，人们往往没有足够的数据用于甄别现象的真假。"先验知识"能帮助人们排除那些似是而非的结论。这时，工业领域中的原理知识实质上就起到了数据降维的作用。从另外一个角度来看，要得到"强因果"的结论，分析的结果必须能够被领域的原理现象解释。

第二章

数据观察：发现数据价值

从政府战略视角看工业数据

一、驱动科学技术革命

工业数据作为新的生产要素资源，支撑供给侧结构性改革、驱动制造业转型升级的作用日益显现，正在成为推动质量变革、效率变革、动力变革的新引擎。没有数据，新科技革命就是无源之水，无本之木。基于工业大数据的创新是新科技革命的主要推动力，工业互联网所形成的产业和应用生态，是新科技革命与工业智能化发展的关键综合信息基础设施。新科技革命的本质是以机器、原材料、控制系统、信息系统、产品以及人之间的网络互联为基础，通过对工业数据的全面深度感知、实时传输交换、快速计算处理和高级建模分析，实现智能控制、运营优化和生产组织方式变革。

二、赋能经济提质增效

工业数据是数字经济的关键要素，发挥着基础资源和创新引擎的作用，驱动着数字经济的创新发展。当前，世界产业经济数字化转型是大势所趋，数字经济已经成为推动经济发展质量变革、效率变革、动力变革的重要驱动力，也是实现经济高质量发展的重要着力点。数字经济和

> 数字化转型是工业经济迈向数字经济的必由之路，是以数据为核心的驱动要素，通过新一代信息技术应用推动资源配置方式、生产组织模式、商业运行逻辑、价值创造机制深刻变革，是形成数字经济体系的重要历史进程。

实体经济融合发展，既是数字经济的高质量发展，也是实体经济的高质量发展，二者相互促进、相辅相成。数字经济是实体经济增长的新动能。数字经济通过与实体经济深度融合，能够为实体经济赋能，对传统产业实施数字化改造升级，可以有效解决实体经济转型最为关键的成本、质量、效率、效益等痛点问题，是目前推动供给侧结构性改革、实现经济高质量发展的新路径。

三、丰富国家战略资源

随着第四次工业革命的深入展开，工业数据正在成为一个国家工业发展重要的战略资源和核心创新要素。我国是制造业大国，随着工业化和信息化的深度融合，我国工业数据量呈爆炸式增长，在各类产品全生命周期的各个阶段均产生了大量的

数据，并且各个阶段以数据为纽带实现了协同联动，逐渐实现了物理世界和数据空间的无缝链接。

党的十九届四中全会首次提出将"数据"作为生产要素参与分配，为数据赋予了新的历史使命。土地、资本、劳动力是传统工业经济发展不可或缺的生产要素，正面临土地约束趋紧、资金投入产出率不高、劳动力结构性失衡等日益严峻的发展挑战。工业数据要素打破了传统生产要素有限的供给束缚，成为发现新知识、创造新价值、提升新能力的重要驱动力。数据要素具有可复制性强、迭代速度快、复用价值高、无限供给的特点，这些特点决定了数据规模越大、维度越多，数据的边际价值就越高。工业数据要素日益成为工业经济全要素生产效率提升的新动力源。

从产业发展视角看工业数据

一、推动传统产业智能化升级

工业数据加速业务场景交互，推进传统产业的改造升级。工业数据在生产过程中的应用，类似于给生产制造配上了"大脑"，使之灵活应对各种业务场景。通过分析整合产品数据、制造设备数据、订单数据以及生产过程中产生的其他数据，显著提升了生产控制的准确性，大幅增强了生产制造的柔性化水平和协调度。通过智能数控设备、传感识别技术、制造执行系统等先进的数字

装备与管控技术，实时采集生产制造过程中的工业数据，实现生产装备和生产过程的"透明化"运行，结合人工智能、大数据等技术，实现生产装备和生产过程的智能化。

推进制造业、服务业有机融合，推动工业企业向以制造为基础的产品、技术、服务等综合供应商转变。以富士康、徐工集团、商飞为代表的企业基于工业互联网平台，将工业数据融入工业生产的各个环节，形成具有自感知、自学习、自决策、自执行、自适应等功能的新型生产方式，全面提升传统制造业的智能化水平。

二、催生新产品、新模式、新业态

数据流带动技术流、资金流、人才流、物资流，不断突破地域、组织、技术边界，正在引发产品构成、生产方式、组织模式和商业范式的深刻变革，新产品、新模式、新业态蓬勃发展，为工业数字化转型注入新动能、新活力。

将工业数据融入汽车、家居、可穿戴设备等传统产品中，催生出智能网联汽车、智能家居、智能可穿戴设备等新型智能产品。

航天云网、商飞、石化盈科等企业将工业数据融入协同设计、协同制造、协同运维、供应链协同等业务，构建大配套、大协作的网络化协同体系，实现研发、制造、管理、运维的一体化协同，催生出网络化协同新模式。

海尔、航天云网、红领等企业打通用户需求与研发设计之间的数据流,构建覆盖产品全生命周期的数据贯通体系,满足用户个性化、碎片化、多样化需求,催生出个性化定制新模式。

海尔、东方国信、华为、阿里云等企业通过技术开源、"双创"孵化等服务,充分激发广大劳动者的积极性、主动性和创造性,培育零工经济的新业态。

海尔、航天云网、智能云科等企业通过推动所有权与使用权分离,以隐性服务能力的市场化实现闲置资源的高效配置,促使工业制造、创新、服务能力进行以效率为导向的按需分配,培育共享制造的新业态。

三一集团、欧冶云商、中航工业等企业基于工业互联网平台和工业电子商务平台之间的互联互通,加强生产数据与业务数据、用户数据的精准对接,推动交易对象从实体产品向制造能力迁移,加速商业模式从产品交易向用户交互迁移,培育工业电子商务的新业态。

三、促进生产性服务业发展

工业数据支撑生产性服务业发展,加快制造业与服务业的融合。大数据的应用将企业的发展模式从以往围绕产品生产销售提供售后服务转变为围绕提供持续服务而进行的产品设计,并促使企业业务从传统的产品生产销售向生产性服务领域延伸,最终使工业企业的主要利润来自产品售后的服务环节,而不是此前的产品生产环节和销售环节。

海尔、三一集团、徐工等企业基于工业互联网打通生产服务全过程的数据链，创新经营模式，开展设备服务、供应链服务、综合解决方案服务等延伸业务，加速从"卖产品"向"卖服务"转变，实现企业沿价值链向高附加值环节跃升。

三一集团、中联重科、天正工业等企业依托工业互联网平台打通生产制造、物流运输、管理经营等工业数据，与金融机构合作开发金融产品，开展融资租赁、精准投保等产业链金融服务创新，提高资金流转和使用效率，制造企业的业务从产品制造向产业链金融等服务领域拓展。

四、支撑构建虚拟产业集群

通过打通企业间制造全要素、全环节、全流程的工业数据，促进产业集群内信息互通、资源共享和能力协同，推动形成开放合作的创新生态。数据的流动，帮助产业集群突破了空间的局限，利用了分散在不同地方的资源，在更大的虚拟空间范围内开展跨地区合作。借助工业互联网和大规模数据处理技术，建立跨区域协作的虚拟环境，提高数据共享与创新合作效率，促进多学科交叉融合。工业数据的流通共享会促进产业集群内的制造资源配置从单点优化向多点优化演进，从局部优化到全局优化演进，从静态优化向动态优化演进，进而全面提升资源配置的效率和水平。

从产业视角看工业数据的价值如图 2-1 所示。

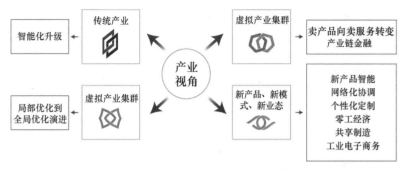

图 2-1　从产业视角看工业数据的价值

从企业经营视角看工业数据

一、推动设备运维透明化

工业数据融入设备，将设备运行状态透明化，有助于设备故障诊断和运行优化。在设备状态监测方面，实时采集温度、电压、电流等工业数据，可以直观展示设备实时的运行状态，实现设备全面、实时、精确的状态感知。在设备故障诊断方面，利用大数据分析技术，对设备工作日志、历史故障、运行轨迹、实时位置等海量工业数据进行挖掘分析，基于知识库和自学习机制建立故障智能诊断模型，实现设备故障精准定位。在预测性维护方面，基于设备全生命周期的运行数据，提前预判设备关键部件的变化趋势、产品寿命和潜在风险，预测设备零部件的损坏时间，主动提前进行维护服务。例如，富士康基于

BEACON工业互联网平台实时采集精密刀具状态数据，结合智能调机深度学习算法，实现了刀具的自感知、自诊断、自修复、自优化、自适应，使刀具寿命延长15%，刀具成本减少15%，刀具崩刃、坏刃情况预测的准确率达到93%，产品的良率提升90%，稼动率提升90%。

二、促进生产制造智能化

工业数据融入产线，赋予产线全面感知和动态交互的能力，从而实现智能化生产。

对于离散行业企业，打通基于计算机辅助设计（Computer Aided Design，CAD）/ 计算机辅助工程（Computer Aided Engineering，CAE）/ 计算机辅助制造（Computer Aided Manufacturing，CAM)/ 产品数据管理（Product Data Management，PDM）的产品设计环节和基于分散控制系统（Distributed Control System，DCS）/ 制造执行系统（Manufacturing Execution System，MES）的生产制造环节，打通工业设备监控操作层和生产运营管控层的数据流通路径，全面采集生产线运行的工业数据，可以实现设计制造协同、生产管理优化、设备健康管理、产品增值服务、制造能力交易，进而提升企业生产制造全过程、全产业链的精准化、柔性化、敏捷化水平。

对于流程行业企业，在实际生产前，基于工业机理和历史生产数据，构建数字孪生体对原材料配比和工艺流程进行全方位模拟仿真，优化原料配比参数和装置优化路径。在实际生产过程中，基于过程控制和制造执行系统对生产过程进行状态监测、故障诊断、预测预警、质量控制以及节能减排管理，实现生产过程的集约高效、动态优化、安全可靠和绿色低碳。例如，惠普公司利用西门子 Xcelerator（一款西门子公司数字化软件技术的基础性平台）从生产和设计的数据中建立产品和性能的数字孪生，实现决策过程的闭环，从而持续优化产品设计和制造过程，使打印机的打印喷头冷却机的流速提升22%，打印速度提高15%，产品研发速度提升75%，部件成本降低34%。

三、辅助管理决策科学化

工业数据辅助科学决策，增强工业企业经营管理能力。传统的企业管理决策大多依赖个人的经验和直觉，节点间信息分享不畅，分析的过程和结果往往难以有效复用，无法满足数字经济时代企业经营管理快速迭代创新的需要。工业数据贯穿于制造的全过程、全产业链、产品全生命周期，通过端到端的流通共享构建"感知—洞察—评估—响应"闭环机制，辅助企业做出科学决策。通过全面采集财务数据、业务数据、企业发展战略、人才队伍、关键风险点等企业数据，以及市场容量、产能情况、标杆企业收入成本利润等行业数据和国内生产总值（Gross Domestic Product，GDP）、经济增速等国家宏观数据，

结合科学决策模型，进行数据挖掘和分析，从而在洞察企业市场、挖掘用户需求、分析产品和把控企业商机等方面获得更加精细、可靠、高价值的数据支持，辅助企业决策者做出科学决策。

四、驱动企业组织柔性化

工业数据加速产业组织从金字塔静态管理向扁平化动态管理转变。传统企业组织架构多为科层制，虽然通过对权力的分级配置保证了决策的可靠性、员工的控制力、业务的稳定性，但是存在对外界变化不灵敏、机构设置逐渐冗杂、沟通交流烦琐等弊端，难以适应当今商业运营的实际需要。当前，工业数据的自由流动，降低了人才、资金、知识等在部门间流转的门槛限制，使动态扁平化组织加速成形。通过管理幅度的增加与分权，充分为个体赋能，形成全员共治、自组织、自主适应的组织形态。例如，海尔集团基于卡奥斯（COSMOPlat）工业互联网平台打破数据流通壁垒，开展企业组织架构改革，构建"去中心化"的自治组织，共培育了4000多家小微企业，2018年实现生态收入151亿元，加速实现管理的扁平化、企业的平台化、员工的创客化。

从企业视角看工业数据的价值如图2-2所示。

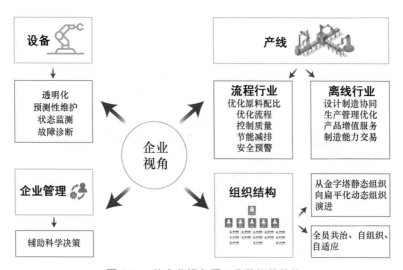

图 2-2　从企业视角看工业数据的价值

第三章

数据之殇：剖析数据隐患

数据采集能力尚待提升

我国工业数据的采集方式主要有4种，分别是基于数字化设备、工业控制系统、人工采集终端、改造老旧设备。由于种种原因使工业数据采集存在样本不全、效率低、准确率低等问题。

从基于数字化设备的数据采集方式看，不同品牌厂家之间的产品兼容性较差。 基于数字化设备的数据采集方式是指数控机床、机器人、热处理设备、立体仓库、测量测试设备等数字化设备，直接基于设备本身的数据采集系统，自动采集数据。这类数据采集系统由设备厂家提供，对自家设备研究深入，采集的数据种类多、实时性强，但是对其他厂家，特别是竞争对手的产品兼容性较差。基于数字化工业设备自带的数据采集系统的采集方式，不同品牌厂家之间的产品兼容性较差，而且部分厂商不愿意公布全部的数据文件，只提供使用说明，不开放先进设备的读写，致使设备信息不流动，数据流通不畅。

从基于工业控制系统的数据采集方式看，数据缺乏丰富性。基于工业控制系统的数据采集方式是指通过设备 PLC/数据采集与监视控制系统（Supervisory Control And Data Acquisition，SCAD）/DCS 输出接口，结合其通信协议，实现对设备状态采集。工业控制系统大多采集设备的状态信息，在数据的丰富性上略逊色于数字化设备基于自带的数据采集系统的自动采集方式，却也可以基本满足制造业的需求。目前，我国本土的 PLC/SCADA/DCS 企业，主要集中在中低端市场。

从基于人工的数据采集方式看，实时性和客观性不足。我国中小工业企业的信息化水平偏低，有些生产环节无法实现自动采集，大多通过现场工位机、移动终端、条码扫描枪等人工采集终端进行数据采集。数据采集内容包括生产开工与完工时间、生产数量、检验项目、检验结果、产品缺陷、设备故障等。基于人工采集终端的数据采集受制于人的主动性，在数据的实时性、准确性、客观性等方面有所欠缺。

从基于改造老旧设备的数据采集方式看，数据采集内容贫乏。我国工业企业存在大量的老旧设备，通过改造安装传感器、数采板卡等，实现数据采集。这些方式采集的数据种类有限，内容贫乏，质量不高。

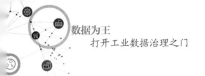

数据管理能力相对不足

一、工业数据资产管理滞后

我国对工业数据管理机制尚不健全，严重滞后于工业转型升级的步伐，难以适应当前工业企业数字化转型发展的需要。当前，在工业生产的过程中，实时产生海量的生产数据，传统的消费互联网领域的数据管理方法已经无法有效管理工业数据，导致数据管理机制不健全，数字资源碎片化。由于对企业数据资源缺少管理机制和使用规划，导致各个业务环节的数据散落在各业务部门，相关的数据标签、存储、编码、处理机制各异等，从而出现企业的数据可用性较差、数据质量较低、业务环节之间数据集成共享困难等问题，"垃圾进，垃圾出"的现象比较严重，工业大数据难以发挥其应有的价值。

专家估计，每年低质量的数据会给企业带来10%～20%的经济损失。工业领域对数据分析的可靠性要求较高，需要高质量的工业数据提供支撑。调查显示，98.6%的企业认为数据管理工作值得投入，其中，77%的企业坚信数据管理很重要，并认为数据管理是一个长期的过程且会为企业带来价值。然而，仅32.4%的企业开展了数据管理的相关工作，接近半数的企业尚未规划专门的人力投入。在我国的工业企业中，只有不到1/3的企业开展了数据治理，51%的企业仍在使用文档或用更原始的方式进行数据管理。

二、数据管理能力成熟度偏低

数据管理能力成熟度评估模型（Data Management Capability Maturity Assessment Model，DCMM）是我国数据管理领域正式发布的首个国家标准。据调查，目前，我国大多数工业企业处于初始级和受管理级，大多数工业企业虽然意识到数据是资产，根据管理策略的要求制订了管理流程，指定了相关人员进行初步的管理，并且识别了与数据管理、应用相关的人员，但是没有对数据管理方面的流程进行全面的优化，没有针对数据管理岗位进行关键绩效指标（Key Performance Indicator，KPI）的考核，没有规范和加强数据相关的管理工作，没有根据过程的监控和分析对整体的数据管理制度和流程进行优化。

三、工业数据底账不清

我国大多数工业企业没有对数据进行精细化分级分类管理，没有做好数据标注分类，没有划分数据的安全等级。传统工业系统建设大多用于单一业务需求，促使工业数据像"杂货铺"一样分散存储在不同的系统，使用数据时导致找不到，或者找到了不匹配、不互认。面对企业内部众多的信息系统，从最高管理者、业务部门到IT部门都搞不清楚企业内部数据有哪些、是什么、谁管理、在哪里等，使大部分的工业数据处于睡眠状态，无法有

效释放其潜在的价值。工业数据底账不清，不仅阻碍了数据的价值实现，还需要企业花费一定的成本进行存储运营。另外，工业数据的来源、内在价值、内容敏感程度、访问范围存在巨大的差异，尤其是安全策略异常复杂。

四、工业数据法律法规不健全

工业数据权属不清晰，工业大数据带来了复杂的权责关系，产生工业数据的企业、非政府组织和政府机构，拥有数据存取实际管理权的云服务提供商以及拥有数据法律和行政管辖权的政府机构，在大数据问题上的法律权责不明确，数据产权承认和保护存在盲点，阻碍了工业数据有效流通。企业与政府之间缺乏数据双向共享机制。目前，我国政府、少数互联网企业和行业龙头企业掌握了大部分工业数据资源，但工业数据归属处于模糊状态，法律规定不明确，政府与企业数据资源双向共享不够。

数据开发能力略显薄弱

一、工业数据预处理水平不高

工业数据预处理对数据开发利用至关重要，其工作量大约占大数据分析挖掘过程的60%。我国工业企业的数据清洗和预处理水平普遍不高，一方面是因为数据清洗和预处理专业性较强，存在较强的技术壁垒，另一方面是因为工业清洗和预处理不仅需要计算机 / 数学专业技术，还需要工业行业的技术背景以及工人积累的生产经验，只有深入了解工业企业的运行情况，才能真正准确且高质量地清洗和预处理工业数据。

二、工业机理模型严重匮乏

我国工业机理模型由于严重匮乏，导致工业数据全流程、全系统的综合应用受到限制。我国工业化发展历程较短，制造技术与管理知识经验积淀不够，工业基础和工业 know-how（知道—怎样）方面落后，使工业机理模型严重匮乏。我国现有的工业机理模型数量，与我国 41 个工业大类行业、191 个中类行业、525 个小类行业的工业大国地位严重不匹配。

三、工业软件供给能力不足

我国的工业软件大多集中在经营管理、销售管理、财务管理、供应链管理等企业管理领域，我国工业研发设计、生产制造领域的工业软件主要面向中低端市场。由于我国消费互联网领域的成功实践和旺盛的市场需求，催生了一批经营管理、销售管理、财务管理、供应链管理等企业管理领域的软件。面向工业领域，这类企业管理软件可以比较容易地复制到工业企业，转化为工业软件。工业研发设计、生产制造领域的工业软件的工业属性更强，

需要开发者对工业研发生产现场具有长期的、专业的知识积累，我国消费互联网领域的软件企业在工业领域积累不足，工业企业自己开发的软件成熟度不高。

数据安全隐患日渐突出

一、工业终端成为安全薄弱环节

工业终端虽然保有量大，但安全防护相对不足，工业主机终端已经成为工业网络安全的薄弱环节。工业环境里大量使用计算机设备，例如，MES 系统的数据采集分析与显示的工业计算机以及对工业控制系统进行控制操作和监控的上位机等，这些工业主机终端大多使用 Windows、Linux 等通用操作系统，但 Windows 系统存在大量漏洞，很容易被病毒感染。工业互联网产业联盟在 2018 年年初发起过一项针对联盟内工业企业主机操作系统的调查，这次统计表明，Windows 操作系统仍然占据了工业企业服务器和工业内网主机中的绝大多数，其中，Windows7 数量占据首位，但 Windows XP 的使用比例依然超过 40%，Windows 操作系统的安全性仍然需要引起工业企业的高度重视。

二、工业控制系统安全形势严峻

工业控制系统多次暴露重大漏洞，影响多类生产系统。工业控制系统通常位于工业生产的底层，一般不直接接入互联网，如果因配置错误或其他原因导致工业控制系统暴露在互联网的话，将带来严重的安全风险。工业控制系统的安全漏洞数量增长迅速，截至 2019 年 12 月，国家信息安全漏洞共享平台（China National Vulnerability Database，CNVD）收录的与工业控制系统相关的漏洞达 2037 个，其中，2019 年新增的工业控制系统漏洞数量达到 463 个。在四大漏洞平台收录的工业控制系统漏洞中，漏洞成因多样化特征明显，技术类型多达 30 种以上。其中，缓冲区溢出漏洞（28%）、访问控制漏洞（10%）和输入验证（10%）数量最多，最为常见。攻击者无论利用何种漏洞造成生产厂区异常运行，均会影响工业控制系统组件及设备的灵敏性和可靠性，造成严重的安全问题。在工业控制系统安全漏洞中，多数分布在制造、能源、水务、商业设施、石化等关键基础设施行业。在 690 个漏洞中，有 566 个漏洞涉及制造业，制造业是占比最高的行业之一。

三、平台安全防护体系尚待完善

工业互联网平台的安全防护机制尚未完善，一方面平台自身的安全性不足，另一方面平台即服务（Platform as a Service，PaaS）层也缺乏健全的安全应用程序接口（Application Programming Interface，API）供软件即服务（Software as Service，SaaS）层调用。工业互联网平台连接业务复杂，连接

设备种类繁多，数据格式多样，在推进智能化、柔性化、协同化生产的同时，安全边界也越发模糊，受攻击面不断扩大，工业互联网平台各层均存在安全风险。2018 年，工业和信息化部网络安全管理局组织开展了工业互联网安全检查评估工作，共计发现工业互联网安全风险 1980 处，包括管理安全风险 94 处和技术风险 1886 处。从严重程度看，企业高危安全风险 919 处，中低危安全风险 967 处。从风险类别看，设备安全风险 29 处、控制安全风险 11 处、网络安全风险 73 处、平台安全风险 1708 处、数据安全风险 50 处。

理数篇
盘活数据资源

"

当前，工业数据呈现指数级爆发式增长，数据治理难度异常。工业数据分类分级是有效挖掘数据价值、实现企业生产方式变革的必由路径，是提升企业数据管理水平的基础。实施工业数据分类分级将加快实现数据共享、厘清各方职责、确保数据安全，推动工业数据管理由"杂货铺"向"自动化仓库"转变。

"

第四章

数据思维：倡导数据治理理念

伴随新一代信息技术不断创新突破，数据逐步融入产业创新和升级的各个环节，成为数字经济时代下世界主要国家和大型企业日益重视的关键生产要素。国际抢夺数字经济制高点的竞争日趋激烈，各国纷纷把数据上升为国家战略，抢抓数字经济全球竞争新赛道优先权。美国、英国、欧盟等率先制定国家大数据战略，在前沿技术研发、数据共享开放、隐私安全保护、数据人才培养等方面进行前瞻部署，积极构建在数字经济时代的先发优势。中共十九届四中全会首次提出数据作为新型生产要素参与收益分配，将数据提升到前所未有的战略高度，极大地提升了全社会对数据的重视程度。

数据治理是指对数据资产管理行使权限和控制（计划、监控和执行）。

随着数据的爆发式增长，数据基础设施不断夯实，数据相关技术持续升级，既为数据治理的创新发展带来了难得的机遇，又面临巨大的挑战。面对当今经济发展的新环境，各个国家必须要全

面推进数据治理，加强数据质量管理和挖掘应用，用数据提升经营的质量和效率，加快培育增长新动能，在竞争发展中赢得主动。

避免工业数据治理的常见误区

2012 年 2 月《纽约时报》的一篇专栏文章指出，"大数据"时代已经降临，在商业、经济及其他领域中，决策将日益基于数据和分析而做出，而非基于经验和直觉。IDC 预测，全球数据体量将由 2016 年的 16.1ZB 增长至 2025 年的 175ZB，增长幅度超过 10 倍。伴随大数据时代支撑数据交换共享和数据服务应用的技术发展，不断积淀的数据开始逐渐发挥它的价值，数据的价值得到人们的广泛认同。

大数据时代，开展数据治理是躲不过、绕不开的，它是我们用好海量数据的必经之路。但数据治理本身是一项长期且繁杂的基础性工作，可以说是数据管理领域中的脏活、累活。大部分数据治理咨询项目产出的规划成果在落地实施前往往会遇到各种困难，导致数据治理停留在"纸上谈兵"阶段。企业在推进数据治理工作时，要尽量避免以下几大误区。

误区一：企业对自身目标和需求不明确

企业在刚刚意识到自身数据存在问题时，认为这就是一个简单的 IT 项目而已，只要求助外部厂商开展简单的数据整合、梳理和分析就搞定了。然而对于数据治理项目而言，明确目标至关重要。例如，想要达成的目标与成效、业务部门与技术部门如何配合等，这些都是项目启动前需要思考清楚和明确的。

企业很多时候并不是没需求，只是需求相对比较笼统、模糊不清晰。数据治理初期可以先做一个小型的咨询项目，通过专业的团队调研数据现状，理清数据架构、现有的数据标准和执行情况、数据质量的现状和痛点，再对症下药。

> **建议：** 先对数据进行调研，发现需要解决的问题和每类数据建设的难易程度和最佳路径。在摸清家底的基础上，由专业的数据治理团队帮助客户设计切实可行的数据治理路线图，双方在取得一致的基础上，按照路线图来执行数据治理工作。

误区二：数据治理仅仅是技术部门的事

很多企业已经认识到数据是需要管理才能持续保障质量和发挥价值的，并成立了专门的团队来负责管理数据，例如，成立数据管理办公室或数据管理中心，但这些部门通常由 IT 部门人员组成，在部门属性的定位上也划分为 IT 技术部门，但这种方式存在的问题是重技术，轻业务。当数据治理项目需要落地实施的时候，往往是由 IT 部门来牵头和负责主要建设，业务部门参与度有限。IT 部门大多是以信息化支撑的角度来开展业务

的，受限于自身的观察角度，无法 100% 发挥数据治理的价值。

数据问题产生的原因，往往源自业务方面，例如，数据来源渠道多，责任不明确，导致同一份数据在不同的信息系统有不同的表述；业务需求不清晰，数据填报不规范或缺失，等等。很多表面上的技术问题，本质上还是业务管理不规范。但大部分企业通常意识不到数据质量问题产生的根本原因，只想从技术维度单方面来解决数据问题，这样的思维方式导致客户在规划数据治理时，根本没有考虑到建立一个涵盖技术组、业务组的强有力的组织架构和能有效执行的制度流程，致使效果大打折扣。数据本身是从业务部门产生的，最终也是供业务部门使用的，IT 部门只是给予更好的载体支撑，所以数据治理需要解决的问题和带来的价值，应该不仅是 IT 技术，还应更多着眼于业务视角。而业务部门没有深刻意识到自己应该参与到数据治理工作中，并且是数据治理组织中的重要一员，这恰恰是很多企业的通病。

建议：数据治理是两条腿走路的事情，业务部门和 IT 部门都要参与才可以走得快、走得稳、走正确的方向。从项目成立、实施、组织开始就要发挥业务部门参与的积极性，直到后续项目建设完毕，成立常态化的组织。

误区三：数据治理工作可以一劳永逸

企业出于成本最小化、利润最大化，追求最大投资回报的考虑，往往倾向于要做就一次到位，做一个覆盖全业务和技术领域的大而全的数据治理项目，希望数据质量项目可以覆盖所有的数据类型、所有的业务域、所有的企业机构、所有的企业系统，覆盖从数据产生，到加工、应用、销毁的整个生命周期，一次性解决企业数据治理存在的问题。

但大部分企业往往忽略了数据治理是一个很宽泛的概念，通常包括数据架构组织、数据模型、政策及体系制定、技术工具、数据标准、数据质量、影响度分析、作业流程、监督及考核等内容。在一个数据治理项目中完成所有内容通常是不可能的，需要分层次、分批次一步步完成。在推进数据治理的过程中要引导企业遵循"二八"原则——80% 的问题来自 20% 的系统和数据，从最核心的系统、最重要的数据、最容易产生问题的地方开始着手进行数据治理，分阶段开展数据治理。

建议： 提前和企业高层领导及各部门沟通清楚，数据治理是一个逐步建设的过程，可以先围绕核心业务开展核心数据治理，推进成效快、紧迫度高的数据先治理。

误区四：数据治理工具是把万能钥匙

很多企业通常认为数据就是花钱购买专业性工具，将工具看作过滤器，数据治理工具或软件一上线，数据从中一过就不存在问题了。实际结果却和想法大相径庭：一方面功能越做越多；另一方面工具或软件实际上线后，功能复杂，用户并不愿意使用。

其实这是一种典型的简单化思维，数据治理本身包含很多内容，例如，组织架构、制度流程、成熟工具、现场实施和运维等部分，工具只是其中一部分内容。各家企业在进行数据治理时最容易忽视的是组织架构和人员配置，但实际上所有的活动流程、制度规范都需要人来执行、落实和推动，没有对人员的安排，后续工作很难得到保障。企业在推进数据治理时应该将组织架构放在第一位。有组织的存在，才会有人去思考这方面的工作，并持续地把事情做好，以人为中心的数据治理工作，才更容易推广落地。对于组织而言，无论是企业还是政府，数据治理实质上是一项覆盖全员的、有关数据的"变革管理"，会涉及组织架构，管理流程的变革。

建议：数据治理的核心其实还是管理体系，数据治理工具只是一个管理载体，想要做好数据治理不能迷信工具，组织架构、制度流程、现场实施和运维也很重要，企业需要建立一个常态的数据管理组织和常态的数据运营机制去保证企业的数据治理工作长效运转。

误区五：数据治理项目容易陷入 IT 黑洞

很多数据治理的项目难以验收，企业往往存有疑问：做数据治理究竟做了哪些工作？项目组汇报说做了很多工作，为什么看不到结果？发生这种情况，原因除了有前面误区一所说的客户需求不明确，误区三所说的做了大而全的数据治理而难以收尾外，还有一个原因不容忽视，即没有让企业客户感知到数据治理的成效。企业缺乏对数据治理成果的感知，导致数据治理缺乏存在感，特别是企业的领导决策层，自然不会痛快地对项目进行验收。

在数据治理的项目需求阶段，企业就应该坚持以业务价值为导向，把数据治理的目标定位清晰化，有效地对数据资产进行管理，确保其准确、可信、可感知、可理解、易获取，为大数据应用和做出决策提供数据支撑。

建议：重视并设计数据治理的可视化呈现效果，例如，将管理的元数据用数据资产地图漂亮地展示出来；建立清洗数据的规则，清洗各类数据，并用图表展示出来；发

> 元数据是描述数据属性的信息，用来支持如指示存储位置、历史数据、资源查找、文件记录等功能。

现问题数据，处理问题数据，用不断更新的统计数字表示出来；用趋势图展现出数据质量问题逐月减少的趋势，等等。以上这些都是提升数据治理存在感的手段。除此之外，时常组织交流和培训，引导企业理解数据治理的重要性，让企业真正认识到数据治理工作对其业务的促进作用，逐步提高企业数据治理的能力。

误区六：数据标准落地面临重重困难

很多企业一谈到数据治理，第一反应就是自身已经拥有很多的数据标准，但是这些标准却统统没有落地。因此认为应该先做数据标准的落地，等数据标准真正落地了，数据质量自然就变好了。

这种说法其实混淆了数据标准和数据标准化。数据标准是必须要设立的，但是数据标准化，也就是数据标准的落地，则需要分情况实施。

第一类是已经上线运行的系统，这部分信息系统由于历史原因，很难进行数据标准的落地。这是因为改造已有系统，除了成本以外，往往还会带来不可预知的巨大风险。

第二类是对于新上线的系统，企业是完全可以要求其数据项严格按照数据标准落地的。而数据标准能否顺利落地，还与负责数据治理的部门所获得的权限直接有关，需要有领导的授权和强力支持。

建议：推动数据标准真正落地并非一蹴而就的事情，在落地的过程中需要区分遗留系统和新建系统，分别执行不同的落地策略。同时要厘清数据标准编制、维护、落地过程中的相关方的职责，充分利用考核手段、数据治理问责与激励机制，推动数据标准管理和执行落地。

秉持工业数据治理的基本原则

党的十九届四中全会通过的《中共中央关于坚持和完善中国特色社会主义制度 推进国家治理体系和治理能力现代化若干重大问题的决定》，首次将"数据"列为生产要素，提出了"健全劳动、资本、土地、知识、技术、管理、数据等生产要素由市场评价贡献、按贡献决定报酬的机制"。充分反映出国家对数据时代特征和未来趋势的准确把握，凸显数据在经济活动和社会生活中的巨大价值。如何有效利用好数据治理这个重要的抓手，加快培育数据要素市场、提升社会数据资源价值、加强数据资源整合和保障数据安全，建议遵循以下 3 个原则。数据治理基本原则如图 4-1 所示。

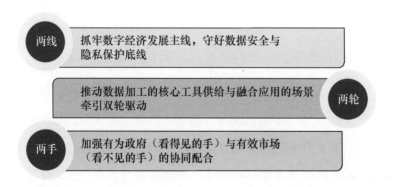

两线　抓牢数字经济发展主线，守好数据安全与隐私保护底线

推动数据加工的核心工具供给与融合应用的场景牵引双轮驱动　两轮

两手　加强有为政府（看得见的手）与有效市场（看不见的手）的协同配合

图 4-1　数据治理基本原则

一、坚持"两线"原则，平衡发展与安全的关系

首先是牢牢抓住数字经济发展这条主线，通过数据的有效供给，促进数字经济有序快速发展。发展才是硬道理，通过努力发展数字经济来充分释放数据红利，同时在数据价值充分释放的过程中解决发展中存在的新问题。

其次是牢牢守住数据安全与隐私保护这道底线。国家从战略角度提出，要处理好安全和发展的关系，做到协调一致、齐头并进，以安全保发展、以发展促安全，努力建久安之势、成长治之业。安全是发展的前提，发展是安全的保障，安全和发展要同步推进。

数据治理以释放数据价值为目标，安全则是数据治理的底线。通过建立安全的负面清单，明确哪些是不可触碰的"红线"，同时做好隐私信息保护，让组织和个人的合法权益得到可靠的保障，只有统筹好发展与安全之间的关系，才能做到"发展"为先、"安全"为本。

二、坚持"两手"原则，发挥政府和市场的作用

一方面，要加强有为政府的建设，发挥好"看得见的手"作用。政府部门应该在政策、制度、机制、法律、法规及环境等方面抓紧开展工作，充分发挥政府的主导作用，建立健全数据治理的框架体系和规则秩序，理顺并设置数据管理的体制机制、数据开放共享的策略机制，研究制定数据治理的规则标准、

数据安全及隐私保护的法律法规等，打造好数据治理的有为政府。

另一方面，要培育一个有效市场，发挥好"看不见的手"作用。数字经济发展的关键一环是推动数据要素的高效配置，建立健全统一开放、竞争有序的数据要素市场体系，加强顶层设计，实现数据市场化的有效配置，积极创新数据要素治理模式，完善数据流通交易规则，平衡数据有序流动与数据安全之间的关系，实现数据要素资源价值的深度开发利用。这就要协调好"两只手"的关系，让这"两只手"有效协作起来，充分发挥作用，不断培育壮大数据要素市场。

三、坚持"两轮"原则，推动供需两侧协同发力

数据要素市场培育的一个重要基本驱动方式是"两轮驱动"，即从供给侧和需求侧进行"双轮驱动"。"一个轮"是从供给侧提高数据加工的核心工具供给能力，解决好加工工具的平台化、模块化、集成化、便捷化等问题。"另一个轮"是从需求侧推动融合应用及其场景牵引，通过融合应用场景深化数据加工工具功能需求，带动数据加工工具改进完善，促进业务结构化改革和产业结构化调整，形成以需求发展带动技术创新不断迭代升级，实现一个真正意义上的"双轮驱动"模式，进而推动数据产业的健康发展，加快培育和繁荣数据要素市场。

提升工业企业的数据治理能力

随着新一代信息技术与制造业深度融合发展，特别是"新基建"的实施推进，工业互联网促使人、机、物等工业经济生产要素和上下游业务流程更大范围地连接，网络空间范围不断突破边界，连接对象种类不断丰富多样，带动工业数据呈现指数级、爆发式增长。工业数据海量汇聚增长，蕴藏着巨大的价值，已经成为各家企业的无形资产，迫切需要构建工业数据治理体系。对工业企业来说，构建一套科学、简明、适合企业实际情况的数据治理体系，是企业实施数据整合、实现数据核心价值挖掘的关键数据工程。

一、理论模型：企业开展数据治理的思路与方法

1. 企业数据治理的基本目标

与互联网企业相比，工业企业的业务更为复杂，生产协作关系更为严密，信息化水平参差不齐，无法单从 IT 或数据层面快速开展数据治理工作，需要从复杂的业务层面逐步分析，制定数据治理计划。在传统数据管理与应用阶段，数据治理的基本目标主要是做管控，为数据部门建立一个治理工作环境，包括标准、质量等。而在工业大数据背景下，用户对数据的需求持续增长，用户范围从数据部门扩展到全企业，数据治理不能再仅面向数据部门，需要面向全企业用户的工作环境，需要以全企业用户为中

心，从为用户提供服务的角度，管理好数据，同时为用户提供发现、获取和应用数据的能力，帮助企业完成数字化转型。

工业企业数据治理的基本目标是建立数据拥有者、使用者、数据以及支撑系统之间的和谐互补关系，从全企业视角协调、统领各个层面的数据管理工作，确保内部各类人员能够得到及时、准确的数据支持和服务。数据治理体系是一个金字塔结构，包含业务、数据和技术3个部分，从上至下指导，从下而上支撑，以业务需求为导向，以数据治理为核心，以技术支撑为保障，形成多层次、多维度、多视角的全方位数据治理体系。工业企业数据治理的基本框架如图4-2所示。

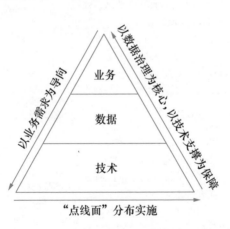

图4-2　工业企业数据治理的基本框架

2.企业数据治理的主流模型

数据治理是一个系统性工程，需要有专业化的数据治理体系和方法论进行指导，不同的方法论适用于不同的行业与企业。企业应该根据自身的特点，选择适合自己的数据治理模型框架。目前，国外针对企业数据治理的主流模型包括DAMA数据管理模型、DGI数据治理框架、ISO/IEC 38505数据治理国际标准等，主流数据治理模型对比分析见表4-1。表4-1从构成要素、优势和不足3个方面对各模型进行了对比分析。

表4-1 主流数据治理模型对比分析

体系名称	构成要素	优势	不足
DAMA数据管理模型	总结了数据治理、数据架构、数据建模和设计、数据存储和操作、数据安全、数据整合和互操作、文档和内容管理、参考数据和主数据、数据仓库和商务智能、元数据、数据质量11个职能领域，以及目标和原则、活动、主要交付物、角色和责任、技术、实践和方法、组织和文化七大环境要素	充分考虑到功能与环境要素对数据本身的影响，并建立对应关系	复杂度较高，难度较大，可落地性差。尚不满足未来数据治理要求，特别是数据资产管理方面的需求
DGI数据治理框架	立足组织操作层面，主要包括数据治理的概念、内容、流程和方法等，涉及数据战略、数据质量、数据安全、数据架构、数据仓库和商业智能、管理协调相关内容。强调数据战略专家、数据治理专员、业务领导和IT领导者等相关利益者的影响，关注如何管理数据，实现数据价值，促进数据管理活动更加规范有序、高效权威	考虑了数据战略专家、数据治理专业人员、业务利益相关者和IT领导者共同关注的问题，包括如何管理数据、实现数据价值、最小化成本和复杂性等	复杂度较高，企业级数据治理可落地性、难度较高
ISO/IEC 38505数据治理国际标准	包括IT治理的目标、原则和模型	确保所有IT风险和活动都有明确的责任分配，以便采取适当的措施和机制，建立报告和相应的机制	主要聚焦IT治理，数据治理方面的针对性并不强

与国外相比，我国在数据治理研究方面起步较晚，2018
年发布的国家标准《数据管理能力成熟度评估模型》(Data
Management Capability Maturity Assessment Model, DCMM)(GB/
T 36073—2018)，为我们提供了一套自主研发的数据治理方法
论。该模型定义了包含数据战略、数据治理、数据架构、数据
应用、数据安全、数据质量、数据标准和数据生存周期 8 个能
力域的成熟度评估模型，旨在帮助组织更好地理解和评价目前
数据管理的现状，制订更加切合实际的发展路线。依托该模型，
可以对组织和机构数据治理能力进行界定，为提升企业数据治
理能力提供了基本遵循的原则。DCMM 如图 4-3 所示。

图 4-3　DCMM

3. 企业数据治理的基本过程

数据治理是一个体系化、系统化的工程，是一个螺旋上升

的迭代升级过程，很难一蹴而就。通过这个过程，企业需要将流程、策略、标准和组织有效结合起来，实现对数据的全面、统一、高效管理，可以说这是企业自身的一次全方位变革。企业数据治理的基本过程如图 4-4 所示。

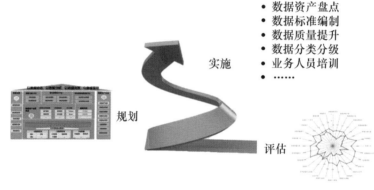

- 数据资产盘点
- 数据标准编制
- 数据质量提升
- 数据分类分级
- 业务人员培训
- ……

实施

规划

评估

图 4-4　企业数据治理的基本过程

评估：对企业数据治理现状及能力进行评估，对照数据治理的目标进行差距分析，为企业制定发展规划，开展数据治理活动，提升数据治理能力等提供依据。

规划：结合企业发展目标和评估情况，制定企业数据战略，明确发展目标和原则，确立发展路径和实施路线图，为企业开展数据治理活动提供指引。

实施：按照规划组织开展数据治理活动，建立数据治理的组织体系和管理制度，开展数据资产盘点、数据标准编制、数据分类分级、数据质量提升、业务人员培训等具体工作。

二、DCMM：评估企业数据治理能力的基本工具

1. 模型框架

DCMM 以数据生存周期为基础，以数据战略为指引，以数据治理为支撑，建立数据架构、数据标准、数据应用、数据质量、数据安全的全方位数据管理生态体系，形成 8 个能力域，并将每个能力域进一步划分形成二级能力项（共计 28 个能力项）。DCMM 能力域如图 4-5 所示。DCMM 一级域与二级域的说明见表 4-2。

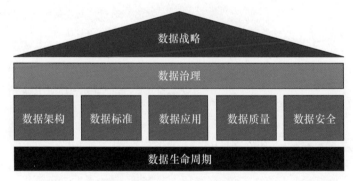

图 4-5　DCMM 能力域

表 4-2　DCMM 一级域与二级域的说明

一级域	二级域	目的
数据战略	数据战略规划	组织开展数据管理工作的愿景、目的、目标和原则；目标与过程监控；结果评估与战略优化
	数据战略实施	
	数据战略评估	

（续表）

一级域	二级域	目的
数据治理	数据治理组织 数据制度建设 数据治理沟通	用来明确相关角色、工作责任和工作流程，并得到有效沟通，确保数据资产长期可持续管理
数据架构	数据模型 数据分布 数据集成与共享 元数据管理	定义数据需求，指导对数据资产的整合和控制，使数据投资与业务战略相匹配的一套整体构建和规范
数据应用	数据分析 数据开放共享 数据服务	对内支持业务运营、流程优化、营销推广、风险管理、渠道整合等，对外支持数据开放共享、服务等
数据安全	数据安全策略 数据安全管理 数据安全审计	计划、制定、执行相关安全策略和规程，确保数据和信息资产在使用的过程中有恰当的认证、授权、访问和审计等措施
数据质量	数据质量需求 数据质量检查 数据质量分析 数据质量提升	数据对其期望目的的切合度，即从使用者的角度出发，数据满足用户使用要求的程度
数据标准	业务术语 参考数据和主数据 数据元 指标数据	组织数据中的基准数据，为组织各个信息系统中的数据提供数据规范化、标准化的依据，是组织数据集成、共享的基础
数据生存周期	数据需求 数据设计和开发 数据运维 数据退役	为实现数据战略确定的数据工作的愿景和目标，实现数据资产价值，需要在数据全生命周期中实施管理，确保数据能够满足数据应用和数据管理需求

2. 等级划分

DCMM 将数据管理能力的成熟度划分为 5 个等级，包括初始级、受管理级、稳健级、量化管理级、优化级。数据管理成熟度是一个逐步递增、逐步升级、逐步成长的过程，需要组织不断进行调整优化。DCMM 能力等级说明如图 4-6 所示。

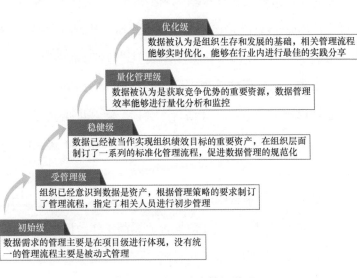

图 4-6　DCMM 能力等级说明

3. 评估流程

DCMM 评估流程主要包括 4 个阶段，分别是评估策划、资料收集与解读、正式评估和评估报告编制。其中，评估策划是评估前的准备工作，资料收集与解读是进行客观证据的审查，正式评估则是开展全面的现场评估工作，评估报告编制是

对评估依据、评估过程和评估结果的概括与总结。

第一步，评估策划。主要包括确定评估目标与范围，并在评估之前和评估期间与利益相关者进行沟通，确保他们参与其中。应给予被评估组织明确的评估活动和人员安排，以便其提前准备和协调相关资源，确保评估顺利开展。

第二步，资料收集与解读。评估小组组长与被评估组织负责人确定计划后，被评估组织按照资料收集清单开始进行资料收集，评估小组针对被评估组织提交的相关资料进行解读和整理。

第三步，正式评估。正式评估是 DCMM 评估的核心环节，主要包括以下活动：正式评估首次会议、客观证据复查、人员访谈、初步发现报告会、成熟度定级、正式评估末次会议、编写评估推荐性意见表。

第四步，评估报告编制。现场评估结束后，评估小组组长应带领评估小组团队开展评估报告的编制工作。评估报告要全面如实地反映评估的结果，同时应给被评估组织提供数据管理能力提升的改进建议。

三、分类分级：企业提升数据治理能力的第一步

1. 工业企业数据治理的发展现状

工业领域信息化进程起步相对较晚，数据的种类和内容等更为复杂，涉及研发、生产、管理、运维、服务等多个环节，数

据治理工作相对滞后，数据治理水平普遍较低。一方面，部分企业虽然采购或建设了大量的信息系统，但信息系统零散、孤立，信息化协同水平差，数据共享程度低、质量差，对数据的深度分析和利用相对不足。另一方面，部分企业逐步意识到数据在信息化建设中的核心作用，进行了数据治理方面的尝试，但由于缺乏科学方法论的指导而效果较差，例如，有的企业建设了元数据管理系统，但无法采集到信息系统的数据关系，无法进行变更影响分析而导致系统闲置；有的企业试图对数据质量进行管理，但由于数据标准和数据规范无法与业务系统的数据挂钩，使数据质量管理难以落地；有的企业建设了主数据管理系统，但是没有实现跨业务系统、跨业务域的主数据共享，使核心公共基础数据不能在企业内进行共享和分发，造成数据流通不畅。

随着工业互联网的不断深化发展，在工业领域加强数据管理的重要性日益突出，与其他行业类似，工业数据管理工作的重点也是保障数据质量与安全、促进数据互操作，为工业智能提供高质量、高可靠的基础数据资源。总的来看，相比其他行业，工业企业数据治理主要呈现出更加侧重战略、以价值创造为核心、数据安全性要求高、数据流动性较差、数据管理层级较为复杂等特点。

2.工业企业数据治理存在的问题

作为新的生产要素，数据资源在支撑供给侧改革、制造业转型升级方面的作用日益显现，正在成为推动质量变革、效率变革、动力变革的新引擎。但与此同时，工业数据也存在管理执行不到位、开发利用不深入、流通共享不充分等问题，尚未完全发挥出对数字经济的放大、叠加和倍增作用。具体的问题包括以下几个方面。

全局性战略性数据管理意识不强，数据治理能力不足以支撑数字化转型。工业企业已经开展的数据治理工作多是项目级别，全局性、整体性、战略性的数据意识普遍薄弱，多数工业企业未制定数据战略规划，或制定了数据战略规划但落实不到位，缺少定期的跟踪和评估，很难落地，不足以支撑数字化转型的迫切需求。

数据基础薄弱，数据治理滞后。工业领域信息化起步相对较晚，工业数据也更为复杂，涉及研发、生产、管理、运维、服务等多个环节，因而数据治理工作的推进也相对滞后，手段比较落后，缺乏专门的数据治理组织，投入数据治理的人力有限，企业数据质量难以得到保障，数据共享困难，信息孤岛情况普遍存在，数据价值不能得到充分的挖掘和实现，产业链上下游企业缺少数据的互联互通。

数据价值大，但难以量化评估。数据在工业领域的流动，横向可以跨越设计、采购、生产、销售、售后服务等价值链，纵向可以跨越战略层与设备控制层，数据价值巨大，且不同类型、不同层级数据产生的价值不同。尽管工业企业已经意识到数据是企业的核心资产，但对无形资产的评估比较困难，尤其是数据资产的量化和评估。

数据治理认识泛技术化现象明显，业务工作与数据工作无法真正结合。多数工业企业对数据治理的认识表现出比较明显的泛技术化倾向，未能从组织治理视角来部署相关的工作，业务领域的管理规范、组织架构和治理流程缺失。

数据治理专业人才、理论体系和优秀实践案例缺乏。工业企业数据治理是一个新领域，面临内外部的多重挑战，数据治理专业人才缺乏，数据治理理论体系不完善，缺少优秀的实践案例。

3.工业数据分类分级的重要意义

工业数据分类分级是提升企业数据治理水平的基础，是有效挖掘数据价值、实现企业生产方式变革的必由路径。工业企业做好数据分类分级，对于加强企业数据管理能力，提高企业精细化管理，推动企业数字化转型具有重要意义。

有助于强化工业企业的数据应用意识。通过开展数据分类分级，引导企业开展数据治理工作，提升数据应用意识，有利于企业全面梳理自身工业数据类型，促进数据充分使用、全局流动和有序共享，全面提升企业数据治理能力和对工业数据重要性的认识。

有利于提升工业数据治理和应用水平。分类分级是数据治理能力的重要内容，能够有效加快工业数据的采集、挖掘、共享、利用等，最大限度地释放工业数据的潜在价值，充分发挥

工业数据对数字经济的放大、叠加和倍增作用，提升企业"两化"融合的管理水平，夯实工业数据安全保障基础，助力数字经济高质量发展。

有利于挖潜工业数据，繁荣数字经济。聚焦工业数据，以分类分级为切入点，以促进数据流通使用为目标，旨在凝聚各方协同发掘工业数据价值，为提升企业数据治理能力，实现企业生产方式转变，加速工业领域生产方式变革提供了强有力的支撑。

有利于加速工业企业数字化转型步伐。数据是工业企业数字化转型的关键要素。通过汇聚全产业链供需数据，优化配置企业所需要的原材料、设备、劳动力、资金等要素，可以实现工业生产、调度、分配全局优化，促进工业全要素生产效率全面提升。

遵循工业数据治理的治理路径

一、政府引导：数据治理推动经济高质量发展

我国经济发展进入新常态，正由高速增长阶段转向高质量发展阶段，进入优化经济结构、转换增长动力的攻关期，需要把数据治理作为推动经济发展质量变革、效率变革、动力变革的重要抓手，探寻适合我国经济长期可持续发展的数据治理方向和出路。

1. 加强工业数据治理顶层设计

加快推进工业数据治理，必须立足当前，着眼长远，统筹谋划，提前布局，找准主攻方向和突破口，努力在若干重要领域和关键环节取得实质性突破。加快研究制定关于深入推进工业数据治理的指导意见，明确推进思路、总体目标、重点任务和保障措施等，为全面加快数据治理提供宏观指导。分行业制定数据治理发展路线图，有计划、有步骤、有重点地推进重点行业企业数据治理发展。加强部省合作，结合不同区域的比较优势，因地制宜、因势利导，以地方产业集聚区为载体，充分发挥地方龙头企业的引领带动作用，研究制定工业数据治理推进政策，形成差异化的区域战略布局态势，探索各具特色的工业数据治理之路。

2. 强化数字治理与数据立法

数据治理和数据立法是一项长期复杂的系统性工作，需要在数据产权、流通、交易等方面开展深入研究，引导地方开展区域性立法尝试，并配合立法部门做好前期研究和论证工作，为数据治理营造良好环境。

基于不同的价值考虑，制定个人数据和非个人数据的自由流动规则。个人数据承载了个人的隐私权利，因此欧盟国家认为个人数据流动应以个人同意为前提，且数据流入国应实施与数据流出国同等水平的数据保护；对非个人数据，重在挖掘数据价值，因此除非基于公共安全的理由，不得要求数据本地化。我国也应基于不同的价值考虑，制定个人数据和非个人数据差异化的自由流动规则，尤其是在数据跨境流动方面，应区分个人信息和重要数据出境安全评估的目的。个人信息侧重隐私保护，重点评估数据能否获得较高水平的保护；重要数据出境则侧重评估对国家安全的影响。

针对数据自由流动出现的问题，加快法律法规和标准规范制定。 当前数据境内自由流动面临的主要问题涉及：数据权属界定困难，缺乏相应的数据权属规则；数据资源开放共享程度低，开放共享制度不健全，数据规范和标准不统一；尚未建立公平、透明的数据的流通和交易规则。

强化数字治理与数据立法。 加强数据资产和权属研究，通过法律修订等明确数据资产权益归属原则，以及数据拥有者、使用者、管理者等各方权利与义务。制定政府公共数据开放共享规则，建立政府数据资源共享和开放目录。建立数据交易规则与标准体系，完善数据交易监管机制。

规范数据服务市场，加强用户权益保障。 目前，我国对数据服务市场中各类主体规范不够，既不利于数据服务市场发展，也难以有效保障用户权益。建议参考欧盟做法，对数据服务商行为提出原则性要求，鼓励和监督服务商通过自律行为守则等方式落实法律法规和监管机构要求，更好地保障用户权益。

3. 构建公平开放市场环境

树立底线思维、红线管理理念，营造支持创新、宽容失败的发展环境，支持新技术、新业务、新模式健康发展。成立跨领域融合监管部门及相关制度，统筹信息化资源、主体、行为监管，推动开展包容监管、协同监管、平台治理，积极推进负面清单制度落地，尤其要重点加强企业信用信息、个人隐私等监管，为各行业数据治理提供基本保障。进一步推动移动通信业务转售和宽带接入市场开放，鼓励民营企业有序参与竞争。通过市场竞争，推动电信企业降低网络资费，实现网络资费合理下降，更多让利于民。加强对互联网等市场竞争秩序监管，消除各种市场支配力量对竞争的扭曲，确保市场公平。

4. 提升全民数字素养

目前关于数字人才并没有一个明确的定义，各国对数字人才的定义主要是基于就业者是否拥有信息通信技术（Information and Communication Technology，ICT）相关的数字技能。经济合作与发展组织将数字经济所需要的 ICT 技能分为 3 类：ICT 普通技能、ICT 专业技能和 ICT 补充技能。

ICT 普通技能是指绝大多数就业者在工作中使用的基础数字技能，例如，使用计算机打字、使用常见的软件、浏览网页查找信息等技能。

ICT 专业技能是指开发 ICT 产品和服务所需要的数字技能，例如，编程、网页设计、电子商务以及最新的大数据分析和云计算等技能。

ICT 补充技能是指利用特定的数字技能或平台辅助解决工作中的一些问题，例如，处理复杂信息、与合作者和客户沟通、提供方案等。

提升全民数字素养，需要建立集聚人才体制机制，打破体制壁垒，扫除身份障碍，完善股权、期权等激励机制，创新风险共担和收益分享机制，创造有利于数据治理优秀人才脱颖而出的环境。

建立跨领域立体人才培养体系，搭建数据治理人才供需对接平台和专业人才数据库等，构建数据治理人才图谱，在国家"千人计划"和"万人计划"中进一步加大对数据治理领域高端人才的支持力度，把各类数据治理人才培养作为专业技术人员知识更新工程、企业经营管理人才素质提升工程等国家人才培养计划的优先领域。

围绕企业数据治理急需短缺人才的问题，在重点院校、大型企业和产业园区，建设一批"产、学、研"相结合的专业人才培训基地。引导企事业单位加强有利于创新的体制机制建设，支持设立创新岗位、鼓励业余创新等，加快落实科技人员科研成果转化的股权、期权激励和奖励等收益分配政策。完善人才政策，探索建立技术移民制度，吸引海外高层次人才、留学生回国创业和工作。

5. 推动数据治理面向国际化发展

进一步扩大对外开放，统筹利用好国际和国内两个市场、两种资源，实现互利共赢，共同发展。不断拓展提升数据治理领域国际交流合作的广度和深度，推动我国数据治理不断迈上新台阶。提升"引进来"的能力和水平，利用全球人才、技术、知识产权等创新资源，学习国际先进经营管理模式，加快我国数据治理发展。提升"走出去"的能力和水平，利用双边和多边对话机制，围绕数据治理相关技术研发、标准研制、人才培养、行业应用等领域，积极开展双边、多边国际交流合作，提升影响力。支持行业协会、产业联盟与企业在全球范围内共同推出数据治理相关产品、技术、标准、服务。支持国内领头企业，尤其是具有国际竞争力的中小民营企业到国际市场竞争，开拓国际市场、寻求国际先进创新技术资源，不断提升我国企业在国际数据治理领域的话语权。

二、产业发展：完善公共服务体系

加快提升数据治理水平，制定重点行业数据治理发展路线图，充分挖掘和发挥数据资产的价值，通过推动基础研究、行业咨询、评估评价、宣传推广等方式促进数据治理发展，助力提升治理现代化水平。

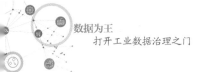

1. 基础研究

支持包括社会智库、企业智库在内的多层次、多领域、多形态的中国特色新型智库建设，为各行业企业加快数据治理提供强大的智力支持。围绕数据治理战略性、全局性、前瞻性重大问题开展调查研究，加强对国际国内数据治理发展形势和趋势分析研究，特别是针对当前面临的复杂形势和难点问题，研究提出政策建议。围绕数据治理前沿和关键技术领域，开展系列调研和深入研究，定期发布专著、白皮书、蓝皮书等多种形式的研究成果。

2. 行业咨询

支持农业、制造业、能源、医疗等行业协会或第三方机构建立行业性大数据平台和云平台，强化行业技术路线、发展格局、制度政策等相关信息的收集分析，加快构建引导行业持续健康发展的产品溯源、征信评级等良好环境。整合中国科学院等科研院所力量，构建数据治理创新中心，加强新一代信息通信技术创新趋势研究与关键技术储备，为企业数据治理提供强有力的核心技术支撑。依托行业组织，加强重点领域基础数据库建设和开放利用，协同推进数据治理技术标准、信息标准、应用规范等标准体系的研制应用，完善基础信息和技术标准的开放服务，促进优化各领域产业链和产业生态体系。在重点领域分别组织成立以市场需求为导向、以龙头企业为中心的企业数据治理产业联盟，加快探索形成风险共担、收益共享的市场化协作机制，着力提升技术创新与数据治理水平。

3. 评估评价

完善数据治理领域政策、法律、监管等管理与评估机制，充分利用信息化手段提升政策实施与评估水平，确保相关战略和政策取得实效。围绕数据治理以及对产业高端发展的带动影响，构建数据治理水平评估体系，建立体现单个企业和整个行业数据治理水平的评价指标，制定科学合理、操作性强的监测评估方法，开展面向不同行业和企业的数据治理成效及水平评估，形成重点行业和企业数据治理指数并定期向社会发布。在评估评价基础上，研究形成细分行业治理指数，构建基于数据治理的产业地图。

4. 宣传推广

加大对典型优秀企业数据治理实践的宣传推广力度，充分发挥联盟等行业组织的桥梁纽带作用，推广典型企业典型经验，在全国形成典型企业引领带动数据治理的良好氛围。通过媒体宣传、展览展示、图书解读等多种形式探索推进路径、展示最佳实践、交流典型做法，进一步提升数据治理的影响力。举办成果展览、企业对接及一系列"深度行"活动，总结和交流政府部门和重点企业在政策措施、工程实施、平台建设等方面的工作进展、典型经验和实践成效。推动地方各级部门加强组织、引导，加大对本地区数据治理典型企业的宣传力度，在

一定区域形成影响力。

三、企业主体：开展企业数据治理

随着数字经济的到来，企业的经济社会基础、技术条件、市场需求、人力资源条件等都在发生重要的改变。企业必须重新思考新一轮信息化在企业中的战略地位和发展引擎作用，从企业全局深刻理解数据治理，树立数据治理新思维。

1. 加强数据治理顶层设计，确定工作的"底线"与"红线"

加强数据治理顶层设计，建立健全的企业数据治理机制，是推动数据治理的重要基础。结合企业具体的实际情况，将数据治理纳入各专业、各业务发展专项规划，明确数据治理方向、主体责任、重点任务和工作计划，加强与企业数据治理目标的有机衔接，分步有序地推进数据治理任务实施，对照规划目标，跟踪、评价、考核和改进数据治理的相关工作，确保重点任务有效落地。

对企业数据治理情况进行尽职调查，通过审阅资料、访谈等方式，了解企业数据治理的现状、需求、难点和痛点。基于尽职调查和法律研究，形成企业数据治理尽职调查报告，并根据调查分析情况，结合企业集团数据管理要求，完成数据治理合法合规的顶层设计。与此同时，对需要遵守的相关法律规定和监管要求进行统一梳理，识别有关数据共享、流转、归集有限制的要求，进行充分法律研判，明确数据治理不得触碰的"红线"和"底线"。

2. 高度重视数据治理的过程管理

企业要高度重视数据治理的变革管理，成立包括主要领导、业务部门、职能管理部门、信息化建设部门等在内的跨部门领导小组和工作团队，全面领导、部署和推进数据治理工作。企业数据治理的出发点是客户需求，落脚点是价值创造，核心是围绕各层级的数据应用，方法是遵循过程管理理论，以客户需求为输入，以企业战略为指导，通过确定目标、规划设计、系统实施 3 个阶段，构建数据治理生态循环。

第一步：**确定目标**。基于精准挖掘的客户需求和企业发展战略部署，结合行业对标分析，设立数据治理目标。目标可包含远期目标、中期目标和近期目标。

第二步：**规划设计**。通过对企业数据治理现状进行深入调研和分析，客观评价企业数据治理能力，明确现状与目标之间的差距。在此基础上开展企业数据治理的整体规划，从企业全局角度对数据治理的体系架构和建设内容进行全面规划。规划应涵盖技术实现架构、业务蓝图、管理变革和人员变革等方面内容，并以此制订可实施的建设方案和实施计划。

第三步：**系统实施**。企业遵循系统变革的思想，围绕业务场景应用，协同推进技术部署、管理变革和人的赋能，完成数字化应用场景建设，实现价值创造，从而有效支撑企业战略。建设过程中要注重各类风险防控。

3. 培育数据思维理念，创新数据挖掘应用

推动企业数据治理，需要大力培育数据思维。将培育数据思维纳入企业文化建设内容，大力培养全员自觉管理数据、认识数据、运用数据的行为习惯，提高全员获取数据、分析数据、应用数据的能力水平，培育数据资产化理念，充分挖掘数据价值，为企业数据治理开展提供有力支撑。建立健全数据"双创"机制，鼓励开展数据应用创新，遴选优质数据成果推广应用。当前，很多企业的数据价值未能得到有效挖掘，数据价值还未充分发挥。企业应结合自身的数据特性，强化数据对业务的赋能，服务企业经营管理提升及业务创新发展，打造数据驱动的企业管理与运营模式。

4. 规范企业元数据管理，深化数据质量管理

作为描述数据的数据，元数据是规范数据管理的重要载体，可以为数据的查询和获取提供基础信息。通过开展数据资源盘点，规范元数据管理并构建企业级数据目录，对于全面掌握公司数据资源状况，实现数据可视可查具有重要意义。由于人工录入信息普遍存在，以及受采集设备稳定性等客观因素影响，数据质量是各家企业面临的普遍问题，也是制约企业数据价值发挥的重要因素。加强源头数据治理力度，开展数据全链条、各环节质量监控，形成数据全生命周期管控模式，建立切实可行的数据质量监控体系，是夯实企业数据质量基础的重要手段。

第五章

数据分类：理顺数据资源脉络

盘点全域数据资源

一、工业数据的采集汇聚

数据采集是获得有效数据的重要途径，是工业数据分类管理和分析应用的基础。数据采集与治理的目标是从企业内部和外部的数据源中获取各种类型的数据，并围绕数据的使用，建立数据标准规范和管理机制流程，保证数据质量，提高数据管控水平。工业数据全生命周期各个环节如图 5-1 所示。

图 5-1　工业数据全生命周期各个环节

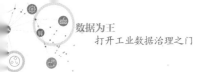

从数据类型来看，工业数据可以分为结构化数据、半结构化数据和非结构化数据。工业数据类型如图 5-2 所示。

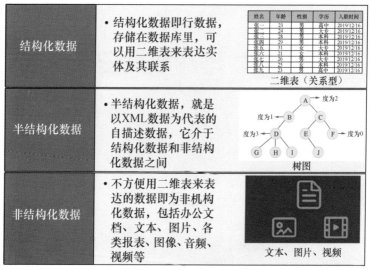

图 5-2　工业数据类型

21 世纪，互联网和物联网为企业提供了大量的文本、图像、音视频、时序、空间等非结构化数据，进而引发了工业数据中结构化数据与非结构化数据的规模比例发生了质的变化。常见的工业数据源分类见表 5-1。

表 5-1　常见的工业数据源分类

数据源	典型系统	数据结构	数据特点
研发设计	产品模型、图纸文档	半结构化 / 非结构化	类型各异、更新不频繁、企业核心数据
价值链管理	供应链 SCM、客户关系 CRM	结构化 / 半结构化	没有严格的时效性要求，需要定期同步

（续表）

数据源	典型系统	数据结构	数据特点
生产资源	ERP/OA、MES、PLM、环境管理系统、仓库管理系统、能源管理系统	结构化	没有严格的时效性要求，需要定期同步
工业控制系统	DCS、PLC	结构化	需要实时监控，实时反馈控制
生产监控	SCADA	结构化	包含实时数据和历史数据
各类传感器	外挂式传感器、条码、射频识别	结构化	单条数据量小，并发度大，结合物联网网关
设备装置	视频摄像头	非结构化	数据量大、低时延，要求网络带宽和时延
外部数据	相关行业、法规、市场、竞品、环境数据	非结构化	数据相对静止，变化较小，定期更新

数据采集以传感器为主要采集工具，结合 RFID、条码扫描器、生产和监测设备、PDA、人机交互、智能终端等手段采集制造领域多源、异构数据信息，并通过互联网或现场总线等技术实时准确地传输原始数据。工业数据分析往往需要精细化的数据，对于数据采集能力有着较高的要求。例如，高速旋转设备的故障诊断需要分析高达每秒千次采样的数据，要求无损全时采集数据。通过故障容错和高可用架构，即使在部分网络、机器发生故障的情况下，仍能保证数据的完整性，杜绝数据丢失。同时还需要在数据采集的过程中自动进行数据实时处理，例如，校验数据类型和格式，分类隔离异常数据，提取和告警等。

工业大数据的采集主要是通过可编程逻辑控制器、数据采集与监视控制系统、分布式控制系统等实时采集数据，也可以通过数据交换接口从实时数据库等系统以透传或批量同步的方式获取物联网数据；同时还需要从业务系统的关系型数据库、文件系统中采集所需的结构化与非结构化业务数据。针对海量工业设备产生的时序数据，例如，设备传感器指标数据、自动化控制数据，需要面向高吞吐、"7×24"小时持续发送，且可容忍峰值和滞后等波动的高性能时序数据采集系统。针对结构化与非结构化数据，需要同时兼顾可扩展性和处理性能的实时数据同步接口与传输引擎。针对仿真过程数据等非结构化数据具有文件结构不固定、文件数量巨大的特点，需要元数据自动提取与局部性优化存储策略，面向读、写性能优化的非结构化数据采集系统。

二、工业数据的分类盘点

1. 工业企业结合生产制造模式进行工业数据盘点

该模式下的工业数据盘点包括但不限于研发数据域（研发设计数据、开发测试数据等）、生产数据域（控制信息、工况状态、工艺参数、系统日志等）、运维数据域（物流数据、产品售后维护数据等）、管理数据域（系统设备资产信息、客户与产品信息、产品供应链数据、业务统计数据等）、外部数据

域（与其他主体共享的数据等）。工业数据五大数据域的数据
来源见表 5-2。

表 5-2　工业数据五大数据域的数据来源

数据域	分类参考	数据来源
研发数据域	研发设计数据	计算机辅助设计（CAD）系统、工程仿真分析（CAE）系统、工业软件开发系统、工业系统测试工具等
	开发测试数据	
	其他	
生产数据域	控制信息	制造执行系统（MES）、可编程逻辑控制器（PLC）、数据采集与监视控制（SCADA）系统、分布式控制系统（DCS）等
	工况状态	
	工艺参数	
	系统日志	
	其他	
运维数据域	物流数据	产品物流系统、产品售后状态跟踪系统、售后服务管理系统等
	产品售后维护数据	
	其他	
管理数据域	系统设备资产信息	产品生命周期管理（PLM）系统、供应链管理（SCM）系统、质量管理系统（QMS）、企业资源计划（ERP）系统、客户关系管理（CRM）系统、仓库管理系统（WMS）等
	客户与产品信息	
	产品供应链数据	
	业务统计数据	
	其他	
外部数据域	与其他主体共享的数据	接入其他企业的供应链系统、协同研发系统
	其他	

2. 平台企业结合服务运营模式进行工业数据盘点

该模式下的工业数据盘点包括但不限于平台运营数据域
（物联采集数据、知识库模型库数据、研发数据等）和企业管
理数据域（客户数据、业务合作数据、人事财务数据等）。

构建数据标识体系

一、数据资源标识基本逻辑

数据标识即赋予某一特定数据对象唯一的标识符。数据标识符（Data Identifier，DID）是所有类型数据库中必不可少的标签，尤其是与集成计算材料工程（Integrated Computational Materials Engineering，ICME）、可传承集成智能制造（Inheritable Integrated Intelligent Manufacturing，I^3M）、智能制造、工业物联网等有关的数据库。信息编码过程可以给数据对象赋予一定的规律性、易于人和计算机识别与处理的代码。接下来，根据编码对象（即工业数据）的特征或属性，将工业数据按照一定的规则进行区分和归类，并建立一定的分类体系，便于数据的管理、共享、交换和分析。由此可见，数据标识是工业企业信息化的基础，是企业搭建工业互联网体系架构的重要支撑，有助于推进企业生产和运营的数字化、平台化转型。

二、数据资源标识解析技术

在工业数据管理场景中，海量、异构、多源、多模态的工业数据通过工业网络传输，多协议、多种命名格式并存，传统的域名系统（Domain Name System，DNS）解析服务在标识主体、解析方式、安全性、服务质量等方面面临着严重挑战，无法满足工业网络需求。为切合工业互联网的特点与要求，其标识解析服务设计须遵循以下 5 项原则：支持多源异构通信主体；复杂环境下标识解析服务安全保证；多组织参与的公平对等保证；多协议、高并发、差异化需求场景下有效性保证；提供协议层面与系统层面的可扩展性。数据标识解析的 5 项原则如图 5-3 所示。

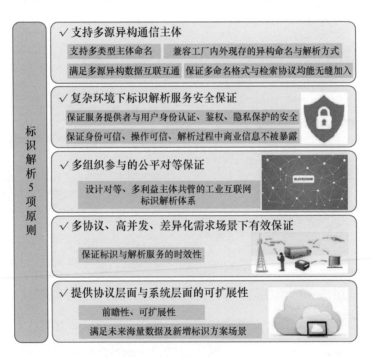

图 5-3　数据标识解析的 5 项原则

根据上述设计原则，提供多项关键技术为工业互联网标识解析体系进行技术支持，包括标识方案、标识分配机制、注册机制、解

析机制、数据管理机制与安全防护方案等。

1. 标识方案

工业互联网标识通过定义编码格式对工业生产中的人、物、料、工业设备进行唯一、无歧义命名，为感知物理世界、信息检索提供支持，助力开展各类相关应用。标识方案主要有层次化标识和扁平化标识两种。标识方案比较分析见表5-3。

表5-3　标识方案比较分析

标识方案	优点	缺点
层次化标识方案	· 自动支持内容分配、多播、移动性等 · 可充分利用长尾效应，实现请求聚合，减轻路由器负担	· 一定程度上限制了标识的生命周期，例如，现存的多个方案将资源所有者信息纳入其层次化标识，导致资源所有者更改该标识时失效
扁平化标识方案	· 具有较好的稳定性与唯一性，支持自我认证 · 标识往往具有固定长度，在条目匹配时查询速度更快	· 命名空间有界，难以实现名称聚合，映射表规模较大，从而制约其可扩展性 · 不具有可读性，不利于获取其背后的信息 · 资源内容改变或散列算法升级均会导致原标识失效，影响内容的检索与查询

层次化标识往往由多个包含语义信息的字符串级联而成，具备全局性、可记忆性，但缺乏安全性，例如域名方案。工业企业的层次化标识设计如图5-4所示。扁平化标识通常通过散列运算得到，由一系列无规律的数字或字符串组成，具备全局性、安全性，但缺乏语义信息。

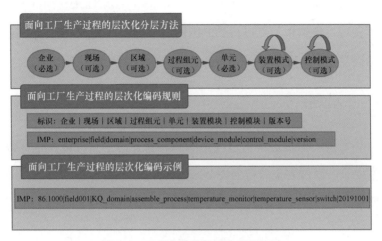

图 5-4　工业企业的层次化标识设计

2. 解析方案

解析方案义了资源检索的过程。现有解析方案有层次化解析与扁平化解析两种。解析方案比较分析见表 5-4。

表 5-4　解析方案比较分析

解析方案	优点	缺点
层次化解析方案	结构简单，可扩展性强，利于部署	各节点权力不同，根节点权限最高，父节点权限高于子节点权限，父节点可屏蔽所有子节点服务
扁平化解析方案	各解析节点管理权限相同，因而无权篡改和丢弃其他节点的解析请求，避免解析服务被非法控制	效率显著低于层次解析 分布式解析架构不存在中心节点，难以对解析数据进行挖掘和分析

层次化解析采用树状结构，每个解析节点负责一个域。扁平

化解析往往采用分布式散列表（Distributed Hash Table，DHT）技术实现，各解析节点进行 P2P 组网，解析条目根据 DHT 算法存储检索。

3. 安全防护

安全防护负责解析过程中的隐私保护与安全保障，包括数据安全、身份安全与行为安全。数据标识安全防护方案如图 5-5 所示。

图 5-5　数据标识安全防护方案

三、数据资源标识解析体系

标识解析体系是实现工业互联网的重要枢纽，负责对物品身份进行分发、注册、管理、解析和路由，支持工业互联网中设备、人、物料

> 信息孤岛，是指一种不能与其他相关信息系统之间进行互操作或者协调工作的信息系统，又称数据烟囱、信息烟囱。

的全生命周期管理，是打破信息孤岛、实现数据互操作、挖掘海量数据的基础，也是实现企业智能管理的必备条件。

一套完整的标识体系包含以下流程：对标识进行编码，通过硬件或者数字形式的载体进行传输，在应用端将该对象的标识信息映射到实际所需的服务，以及共享使用标识。标识数据管理过程如图 5-6 所示。

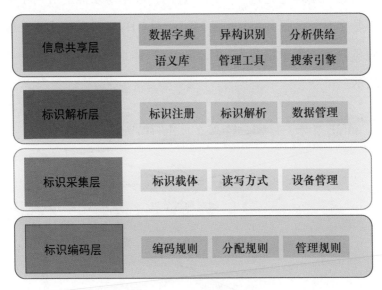

图 5-6 标识数据管理过程

目前，国内外已经形成了一系列的标识体系，以及相应的技术实现。例如，我国拥有顶级根节点的国际标准 Handle 标识体系，由 ISO/ITU 共同提出和管理的国际标准对象标识符（Object Identifier，OID）标识体系，物联网标识 Ecode 国家标

准，国家物联网标识管理公共服务平台 NIOT 标识体系等。

1. Handle 体系

Handle 体系是出现最早、应用最广的全球数字对象唯一标识符系统，以一定的方式赋予网络中的各种对象（文档、图像、多媒体等）一个唯一、合法、安全和永久的标识，实现对被标识对象的解读、定位、追踪、查询、应用等功能，可用于标识数字对象、服务和其他的网络资源。Handle 系统采用分层服务模型，无单根节点。Handle 标识体系整体架构如图 5-7 所示。

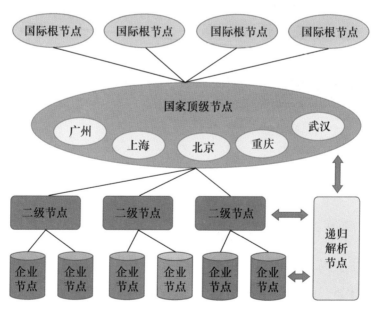

图 5-7　Handle 标识体系整体架构

Handle 系统中的每个 Handle 均由两个部分组成：一是全球统一管理的 Handle 前缀，即命名机构；二是跟随其后的在该前缀下唯一的自定义编码，即命名机构下的唯一本地名称。前缀和自定义编码间通过"/"分隔。Handle 标识命名示例如图 5-8 所示。

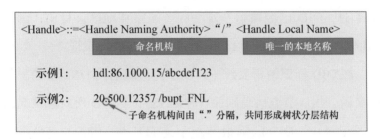

图 5-8　Handle 标识命名示例

Handle 系统可容纳大量实体，允许通过公共网络进行分布式管理，顶层节点平等互通，支持用户自定义编码，适用于工业互联网场景。目前，Handle 技术在国内已经成功应用在产品信息溯源、数字图书馆、智能供应链等领域。

基于 Handle 标识解析系统的相关应用案例包括徐工集团建立基于 Handle 的供应链信息交互平台，通过工业互联网平台的标识解析技术，帮助平台解决对接成品企业与零部件供应商核心系统间的库存数据对接，主要实现供应商本地、供应商在途、物流中心库库存数据的及时更新，满足供应链上下游高效的业务协同需求。

2. OID 体系

OID 又称物联网域名，是由 ISO/IEC、ITU-T 国际标准化组织于 20 世纪 80 年代联合提出的标识机制，采用分层、树形编码结构对任何类型的对象（包括实体对象、虚拟对象、复合对象等）、概念或事物进行全球无歧义、唯一命名。截至 2019年 4 月，OID 已经覆盖全球 206 个国家和地区，目前，国际OID 数据库中已经注册 1408431 个顶层 OID 标识符。

在 OID 标识解析系统中，OID 树被映射为 DNS 中的一棵域名树，OID 节点信息则保存在 DNS 中该 OID 所对应域名的资源记录中。OID 国际根节点下连 ITU-T、ISO 与 ISO-ITU联合 3 个分支，支持对用户、网络元件、服务、有形资产、无形数据（例如目录结构）等任意对象进行标识。OID 采用层次化标识方案，其编码规则规定了根节点到标识节点间的路径。OID 标识体系整体架构如图 5-9 所示。

OID 编码由一系列数字、字符或符号组成，不同层次之间用 "." 来分隔，即 ××.××.××.××…，每个层级的长度没有限制，层数也没有限制。为获得与 OID 节点相关的解析信息，实现多样化的应用，其规范了 OID 命名体系（使用 OID-IRI 值）到 DNS 命名体系的映射，把任意标识 OID节点的 OID-IRI 值映射至一个域名，把 OID 树映射为 DNS树的一部分，把 OID 树的根映射为类似于 DNS 域名。例如，

我国农业农村部的节点由 OID（1.2.156.326）表示，这些数字
分别代表的含义为 1（ISO）–2（国家）–156（中国）–326（农业
农村部）。

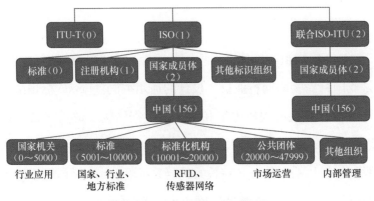

图 5-9　OID 标识体系整体架构

　　目前，OID 技术已在 ISO、ITU 标准中被大量采用，应
用于信息安全、电子医疗、网络管理、自动识别、传感网络
等计算机、通信、信息处理等相关领域。基于 OID 标识解析
系统的相关应用案例包括智云天地公司在助力宁洱哈尼族彝
族自治县脱贫攻坚中，以国际统一对象标识符（OID）标识体
系为基础，利用国际 OID 统一编码标识体系、二维码等技术，
采用灵活定制产品追溯流程和追溯数据元技术，实现了基于
OID 编码标识的电商农产品信息跟踪和溯源，实现追溯平台
与贫困户产品信息发布和在线交易电商系统的数据互联和操
作互访，以及电商服务机构及消费者追溯数据一键扫码查询，

实现贫困户、电商服务机构、合作社、电商服务站各环节责任主体与农产品跟踪和溯源，以及跨供应链的农产品全过程跟踪与溯源。

3. Ecode 体系

Ecode 标识解析体系由中国物品编码中心于 2011 年提出，是我国针对物联网行业自主设计的通用编码。Ecode 标识解析体系拥有完整的编码方案和统一的数据结构，适用于任何物联网对象，既可以表示物联网统一的物品编码，也可以表示物联网标识体系，是一套完整的编码系统。Ecode 标识解析体系的解析协议根节点对接物联网应用的各个细分领域的标识管理应用平台，并对各个平台提供标识分配和注册管理服务，以及标识节点在网络中的解析服务，以实现物联网各个细分领域应用的标识在 Ecode 标识体系下相互识别、相互兼容。Ecode 标识解析体系定义了编码规则、解析架构和解析服务要求，由Ecode 编码、数据标识、中间件、解析系统、信息查询和发现服务、安全机制等部分组成。Ecode 标识解析流程如图 5-10 所示。

Ecode 编码为三段式层次编码，由版本（Version，V）、编码体系标识（Numbering System Identifier，NSI）和主码（Master Data Code，MD）构成，采用标头编码结构和通用编码结构两种标识方案：标头编码结构为 V+NSI+MD，MD 存在语义信息；

通用编码结构为 V+NSI+MD，MD 不存在语义信息。

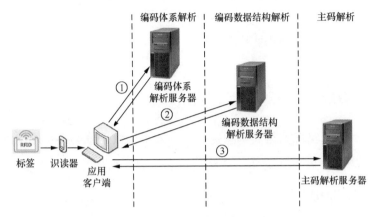

图 5-10　Ecode 标识解析流程

目前，Ecode 标识解析体系已广泛应用于我国工业生产的各个领域，为实现产品追溯查询、防伪验证、营销、全生命周期管理等提供有力支撑。众悦农业科技公司应用了 Ecode 农产品防伪追溯编码，并与国家物联网标识管理与公共服务平台（Ecode 服务平台）进行系统对接。这为众悦农业科技公司的每个单品赋予了唯一身份证，实现了一物一码，对产品的生产、仓储、分销、物流运输、市场巡检及消费等环节实现了数据采集跟踪与全生命周期管理。消费者使用 Ecode 服务平台的手机 App 客户端或微信等，扫描产品上的二维码，可直接通过 Ecode 服务平台的解析访问众悦农业科技公司的农产品质量追溯平台，查询产品追溯信息，从而实现"从农田到餐桌"的追溯模式。

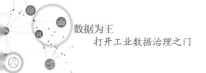

规范数据分类管理

一、数据分类管理工作盘点

1. 数据分类管理的重点工作

为了实现数据共享和提高处理效率，数据分类必须遵循约定的分类原则和方法，按照信息的内涵、性质和管理的要求，将系统内所有信息按一定的结构体系分为不同的集合，从而使每个信息在相应的分类体系中都有一个对应位置。换句话说，就是要把相同内容、相同性质的信息以及被要求统一管理的信息集合在一起，把相异的和需要分别管理的信息区分开来，然后确定各个集合之间的关系，形成一个有条理的分类系统。工业数据分类是推进工业数据分类分级管理的第一步，重点工作包括分类

> 数据分类是指把具有某种共同属性或特征的数据归并在一起，通过其类别的属性或特征来对数据进行区别。

标识、逐类定级和分级管理。工业数据分类重点工作如图 5-11 所示。

2. 工业数据分类管理的价值呈现

工业数据分类管理是实现数据共享互认的基础。对海量工业数据进行管理，做好数据标识分类，有助于将工业数据库由

"杂货铺"变成"自动化仓库",实现工业数据共享流通。数据管理技术要能够结合行业要求、企业业务规模和数据复杂程度等实际情况,根据系统性、规范性、稳定性、明确性、扩展性的原则,对市场服务、生产服务、资讯与政策、经营决策等数据进行分类并形成企业数据分类清单。

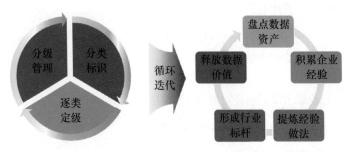

图 5-11　工业数据分类重点工作

对工业数据的分类管理能够有力支撑工业领域构建工业数据治理体系,帮助企业盘点数据资产,对数据进行分类管理、分级治理和共享开发应用,释放工业数据价值。

形成数据资产目录,提供智能化数据管理。 在企业内部层面,形成企业内部的数据资产目录,以业务、逻辑、流程等多种分类体系检索对应的数据资产。在企业外部层面,便于为企业上下游及监管部门提供标准统一的资源分类体系和资源统计口径。

进行业务化分类资产检索,获取数据更便捷。 从数据集成、数据分析、数据开发等技术分类转向业务模型、生产组织等业务

分类，以灵活性、确定性、友好性 3 个特性进行业务化的分类资产检索，助力业务人员更便捷地获取数据，完成数据传递的"最后一公里"。

实现数据共享，释放工业数据的潜在价值。企业可以通过数据治理，全面梳理自身工业数据类型，提升数据分类管理能力，促进数据的有序共享和开放流动。

3. 数据分类管理的质量挑战

工业数据的质量问题是许多企业面临的数据分类管理挑战，这主要受制于工业环境中数据获取手段，包括传感器、数据采集硬件模块、通信协议、组态软件等多个技术的限制，因此需要实时对数据的质量进行监测、分析和处理，在源头尽可能地消除问题。针对工业时序数据质量问题，例如，数据格式不规范、错漏字段、命名版本管理缺失等，需要前置数据治理模块对数据进行实时处理，通过实时规则与模式匹配逐条核查时序数据的质量，建立后效性、多变量关联的机理约束模型来检测深层次的数据质量问题。

二、数据分类管理业务流程

数据分类的思路包括梳理分类范围、理清逻辑框架、细化数据描述和数据差异化管理。数据分类思路如图 5-12 所示。

图 5-12　数据分类思路

数据分类规划流程包括分类规划、分类准备、分类实施、结果评估、维护改进 5 个阶段。数据分类规划流程如图 5-13 所示。

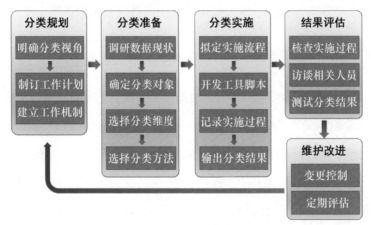

图 5-13　数据分类规划流程

1. 分类规划

◆　明确分类视角。明确分类业务场景和具体活动；根据业务场景选取分类视角。

◆　制订工作计划。规划拟开展分类的数据范围；明确拟

采用的分类维度和方法；预估分类结果；制订分类工作实施方案及进度安排；明确评估分类结果的方法；确定维护分类结果管理体系的方案。

◆ 建立工作机制。数据分类绝不只是信息部门的事，需要各业务管理部门共同参与、紧密合作，打破部门之间的边界和壁垒，共同建立数据分类分级的组织架构和工作流程，实现各部门的充分沟通、通力合作、共担责任、共享成果，实现数据分类从"一把手工程"向"全员工程"转变。数据提供者和数据消费者是数据分类分级的责任主体，要充分发挥主导作用，牵头组织需求确认、流程梳理、数据准备、人员培训等工作。

2. 分类准备

◆ 调研数据现状。调研数据产生情况，包括但不限于数据产生的场景、主体、方式、频率、稀疏稠密、合法合规性等；调研数据存储现状，包括但不限于数据内容的格式、存储方式、存储位置、存储量等；调研数据质量情况，包括但不限于数据的规范性、完整性、准确性、一致性、时效性、可访问性等；调研数据业务类型，例如，组织人事管理数据、经营数据、财务数据等；调研数据敏感程度，包括但不限于数据的涉密程度、安全性、保护需求等；调研数据应用情况，包括但不限于数据的使用目的、应用领域、使用方式等；调研数据时效性情况，包括但不限于数据处理的时效性要求、数据价值时效性等；调研数据权属情况，包括但不限于数据的所有权、管理权、使用权等。

◆ 确定分类对象。确定数据分类的业务场景、数据产生的起止时间、数据量大小、数据产生频率、数据结构化特征、数据存储方式、数据处理时效性、数据交换方式、数据产生来源、数据流通类型、数据质量以及数据敏感程度等。

◆ 选择分类维度。根据分类视角和分类对象选择分类维度，在一个分类视角下可能包含多个分类维度。

◆ 选择分类方法。根据应用需求和分类维度选择分类方法。如果选择混合分类方法，那么还应考虑以何种分类维度为主，以何种分类维度作为补充。

3. 分类实施

◆ 拟订实施流程。结合大数据的生命周期，充分考虑大数据的收集阶段、初步处理阶段、数据脱敏阶段、数据处理操作阶段、数据导出阶段等，将大数据分类的维度和方法与大数据的处理和分析相结合，拟定具体的分类实施流程。

◆ 开发工具脚本。结合大数据分类的具体实施流程，根据分类维度和方法编写分类算法，遵循软件开发或者脚本编制的规范开发分类工具 / 脚本。

◆ 记录实施过程。对分类过程中产生的分类计划、调研报告、实施流程、分类结果、结果评估等文档进行体系化管理。

◆ 输出分类结果。记录分类中间结果、阶段性结果及分

类结果的产生、变更和调整等过程。

4. 结果评估

◆ 核查实施过程。核查大数据分类表，明确类别划分是否合理；核查分类过程记录，明确分类结果与预期目标的偏离程度；核查分类维度，确保分类维度符合业务需求、分类目标；核查分类方法的合理性；根据核查结果调整大数据分类过程。

◆ 访谈相关人员。访谈数据分类执行人员，询问分类视角、范围、维度、方法与业务场景的关联性等信息；访谈数据所有者，询问数据分类结果中的数据权属类别划分、产生频率类别划分等是否符合实际情况；访谈数据管理人员，询问数据分类结果中的数据结构化类别划分、数据存储方式类别划分、稀疏程度划分、敏感程度划分等是否符合实际情况；访谈数据使用者，询问数据分类结果中的数据处理实时性划分、交换方式类别划分、业务归属类别划分、流通类型类别划分等是否符合实际应用情况；核查意见和问题，调整大数据分类过程。

◆ 测试分类结果。对分类后的数据执行分类脚本或程序，查看是否有不符合分类策略的分类结果；对测试中发现不符合的情况，应核查原因，并根据核查结果对大数据分类维度、方法等进行调整。

5. 维护改进

◆ 变更控制。分析变更的必要性和合理性，确定是否实施变更；制订变更计划，评估变更对大数据分类工作的影响，包括分类维度、分类方法的改变等；执行变更，对分类结果进行更改，记录变更过程；对新的大数据分类结果进行评估；发布新的大数据分类结果。

◆ 定期评估。定期评估大数据分类维度和方法的合理性，检查其是否符合业务场景变化和分类视角变化；定期评估大数据分类结果的有效性和应用情况，检查其是否满足业务应用需求的更新；对于评估中发现不符合的情况，应及时核查原因，并根据评估结果对大数据分类维度、方法等进行调整。

三、数据分类管理典型案例

1. 典型案例：北汽福田汽车股份有限公司

（1）工业数据分类情况

北汽福田汽车股份有限公司工业数据分类情况见表 5-5。

表 5-5　北汽福田汽车股份有限公司工业数据分类情况

总体情况	应用试点范围		全部工业数据
	数据类型总体数量 / 种		66
数据域情况	平台运营域	总量 / 种	7
	发生管理域	总量 / 种	55
	生产域	总量 / 种	1
	研发域	总量 / 种	3
分类情况示例	数据域名称		制造域
	数据域中所有数据类型		生产订单、生产计划、工艺定额、制造执行、能源消耗、设备运行、仓储入库、统计数据

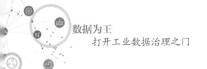

（2）工业数据分类经验总结

北汽福田汽车股份有限公司（以下简称"北汽福田"）从数据产生与采集维度将数据分为研发、采购、制造、质量、销售、售后、物流七大类，并从数据管理维度将数据分为主数据、业务数据、标签数据及通用数据。通过制订数据的编码标准、细分类标准、属性标准、采集标准、应用标准、安全标准及存储标准，以管理文件的形式在全公司发布执行，实现了数据的及时性、唯一性、准确性和安全性。在产品数据方面，北汽福田通过规定数据的每一个字段的填写标准、主责部门、维护流程及可使用部门，实现了细化到字段级的数据标准，为产品数据的全生命周期提供了标准保障。根据数据标准，北汽福田全面清理了近5年来约200万条历史数据，保证了历史数据的分类、属性等符合当前数据应用的需求。

北汽福田在2012年搭建了主数据管理平台，将供应商、客户、固定资产、会计科目四大类主数据纳入管理。自2016年起，根据管理变化，北汽福田重新梳理了数据标准，更换主数据管理平台，将产品、物料、客户、供应商、行政组织、人员、银行、固定资产、项目、工厂、车间、产品线、仓位等23类主数据及64类字典数据纳入主数据平台进行管理，将业务审批流程与数据维护流程合并，集成45套核心业务系统，实现了一次审批、各系统共享的目标。此外，北汽福田还通过搭建大数据平台，对数据进行分类、分域存储，建立数据模型，提供个人计算机（Personal Computer，PC）端及移动端的数据可视化服务及系统间的 API 数据服务，为打破信息孤岛，实现信息共享奠定了数据基础。

2. 典型案例：北京东方国信科技股份有限公司

（1）工业数据分类情况

北京东方国信科技股份有限公司工业数据分类情况见表 5-6。

表 5-6　北京东方国信科技股份有限公司工业数据分类情况

总体情况	应用试点范围		全部工业数据
	数据类型总体数量 / 种		38
数据域情况	平台运营域	总量 / 种	28
	企业管理域	总量 / 种	10
	数据域名称		平台运营域
分类情况示例	数据域中所有数据类型		运行参数 控制信息 位置数据 工艺参数 设备日志 生产设备能耗数据 设备故障数据 产品运维检测数据 客户应用标识数据 算法数据 机理模型 产品 / 设备 / 库存分析与预测数据 产品质量管控及工艺优化决策数据 平台日志数据 数据权限配置 操作审计数据 研发设计数据 生产管理数据 供应链管理数据 质量管理数据 运维管理数据 经营管理数据 开发源代码 开源工具

（续表）

分类情况示例	数据域名称	平台运营域
	数据域中所有数据类型	商业工具 测试用例 技术说明书 管理制度文件

（2）工业数据分类经验总结

北京东方国信科技股份有限公司（以下简称"东方国信"）整合相关管理制度，按照数据分类管理要求梳理并重新发布了管理规范，提出了"云、边、端协同治理管控"的分类方案，积极探索数据标准系统化、数据治理透明化、分类有审批、安全防护可追溯的一整套完整体系。

经验一，**数据标准系统化**。通过将数据标准植入数据建模和采集过程，原本停留在纸面档案管理的公司数据标准从"死"标准，变成"活"标准，让东方国信的数据分类要求贯穿业务与信息化管理过程。

经验二，**数据治理透明化**。通过分类平台，东方国信建立了数据资产的全局视图，公司经营管理者可以通过界面了解东方国信数据资产整体视图及分类情况。

经验三，**分类有审批**。东方国信利用数据分类管理工作流引擎，对数据分类工作进行严格审批，保证公司的数据始终处于科学有序的管理体系之下。

经验四，**安全防护可追溯**。对于数据共享协同过程，通过加密、水印、安全接口等可追溯的机制，让数据在企业内外部的流转过程符合数据安全管理的要求。

3. 典型案例：新余钢铁集团有限公司

（1）工业数据分类情况

新余钢铁集团有限公司工业数据分类情况见表 5-7。

表 5-7 新余钢铁集团有限公司工业数据分类情况

总体情况	应用试点范围		部分工业数据
	数据类型总体数量 / 种		135
数据域情况	企业管理域	总量 / 种	50
	生产域	总量 / 种	68
	研发域	总量 / 种	7
	外部域	总量 / 种	7
	平台运营域	总量 / 种	3
分类情况示例	数据域名称		企业管理域
	智能营销管理系统	客户管理信息	客户基础信息
			客户评估信息
		合同管理数据	合同测价信息
			订单合同
		在线销售数据	现货产品信息
			期货产品信息
		订单进程信息	生产进程信息
			交付产品质量信息
	原燃料采购系统	原燃料采购合同	进口原燃料采购合同
			国内原燃料采购合同
		原燃料供应商信息	原燃料供应商基础信息
			原燃料供应商评估信息
		电子招标平台数据	电子招标数据
			价格归档数据
	备品备件采购系统	基础数据	备品备件供应商基础信息
			基础代码（物资、工程、仓库、单位）
			备品备件图纸

（续表）

分类情况示例	备品备件采购系统	备品备件合同	零库存采购合同
			非零库存采购合同
			零库存采购协议
			招标采购数据
		计划管理数据	采购计划
			领料计划
		仓储管理信息	库存管理数据
			转库管理数据
		采购付款数据	发票数据
			付款通知单
	协同办公系统	文件流转数据	文件流转数据（上级来文、内部文件）
			文件审批数据
			通知公告
		会议管理数据	会议室申请数据
			会议资料
			会议签到
		报表管理数据	重要报表数据
			一般报表数据
	人力资源管理系统	员工管理数据	员工档案
			入职管理信息
			员工调动管理
			薪酬管理数据
	员工管理数据	员工绩效管理	考勤管理
			排班数据
		员工培训管理	技能鉴定数据
			培训管理数据
			在线考试数据

（续表）

			固定、相关方人员、车辆信息
分类情况示例	智能综合管理系统	门禁管理数据	车辆违章信息
			访客人员信息
			员工卡数据
		餐饮管理数据	员工账户信息（个人信息、账户余额、消费记录等）
			餐饮刷卡数据
			食堂配餐数据

（2）工业数据分类经验总结

通过梳理工业数据和实施分类管理，新余钢铁集团有限公司提升了工业数据管理能力，促进了工业数据的使用、流动与共享，加强了重要数据的保护。新余钢铁集团有限公司还部署了威胁感知平台，通过网络流量分析，对违规明文传输敏感数据行为进行了考核，通过管理与技术手段相结合，保证了数据安全，促进了数据共享。

4. 典型案例：美的集团股份有限公司

（1）工业数据分类情况

美的集团股份有限公司工业数据分类情况见表5-8。

表5-8　美的集团股份有限公司工业数据分类情况

	应用试点范围	范围为下属广州华凌制冷设备有限企业，数据量占比为10%
总体情况	数据类型总体数量 / 种	31

（续表）

数据域情况	研发域	总量 / 种	3
	生产域	总量 / 种	11
	平台运维域	总量 / 种	5
	企业管理域	总量 / 种	9
	外部域	总量 / 种	3
分类情况示例	数据域名称		研发域
	数据域中所有数据类型		• 产品数据包括电控、结构、创意、技术库、产品型谱 • 研究数据包括课题调研、研究成果、工业设计、物料清单（Bill Of Material，BOM）管理 • 知识产权数据包括软件著作权、专利、商标

（2）工业数据分类经验总结

美的集团股份有限公司（以下简称"美的集团"）围绕实际从客户需求到销售、订单、计划、研发、设计、工艺、制造、采购、供应、库存、发货和交付等整个产品全生命周期的全流程环节所产生的各类数据，上至管理层下至操作层，覆盖企业"人、机、料、法、环"等场景，按照《工业数据分类分级指南（试行）》中的数据域全面实施数据分类，形成较为完整的工业数据清单。

通过工业数据分类，美的集团深入了解内部重点数据，增强了恢复生产过程全部或关键数据的完整性或可用性的能力，降低了工业数据受损可能引发的生产安全事故级别。

5. 典型案例：深圳市赢领智尚服饰科技有限公司

（1）工业数据分类情况

深圳市赢领智尚服饰科技有限公司工业数据分类情况见表 5-9。

表 5-9　深圳市赢领智尚服饰科技有限公司工业数据分类情况

总体情况	应用试点范围		调研范围为部分已经运营中的平台的相关数据，目前还有部分实体门店的数据未上平台
	数据类型总体数量 / 种		21
数据域情况	平台运营域	总量 / 种	18
	企业管理域	总量 / 种	3
分类情况示例	数据域名称		平台运营域
	数据域中所有数据类型		供应链业务数据包括生产计划数据、销售数据、原料数据、其他管理数据 ● 生产计划数据包括生产计划、生产收货、生产投料、生产订单、生产报工、生产完工入库 ● 销售数据包括销售发货、销售结算、订单价格、销售对账、实销金额 ● 原料数据包括原料采购订单、原料收货质检、原料入库商家、原料报损、原料报溢、成本系数 ● 其他管理数据包括财务清账、边际利润、管理费用、销售费用、销售成本、辅料成本

（2）工业数据分类经验总结

深圳市赢领智尚服饰科技有限公司参照《工业数据分类分级指南（试行）》中数据域角度梳理其数据情况，结合自身的情况，将数据域分为平台运营域和企业管理域两大类，具体细分为排产数据、智能制造数据、全渠道销售数据、库存数据等九大类、21 小类。

6. 典型案例：安徽华茂纺织股份有限公司

（1）工业数据分类情况

安徽华茂纺织股份有限公司工业数据分类情况见表 5-10。

表 5-10　安徽华茂纺织股份有限公司工业数据分类情况

总体情况	应用试点范围		全部工业数据
	数据类型总体数量 / 种		2586
数据域情况	研发域	总量 / 种	213
	企业管理域	总量 / 种	795
	生产域	总量 / 种	1544
	平台运维域	总量 / 种	34
分类情况示例	数据域名称		研发域
	数据域中所有数据类型		• 主要有工艺主数据、配棉主数据、配棉方案数据、产品主数据等 • 数据字段有上机图 ID、上机图-类型、工艺编码、工艺明细行编码、工序明细行号、工艺明细更改行号、工艺表编号、版本等

（2）工业数据分类经验总结

安徽华茂纺织股份有限公司梳理了自身工业数据管理状况，分析了数据的类型、收集渠道和存储位置；通过数据库的工具和编程方式，按《工业数据分类分级指南（试行）》要求，将管理的所有数据库结构信息，包括数据表名称、字段、数据类型定义等全部提取，以提高数据分类的效率。

通过工业数据分类，公司业务管理部门对内部数据体系有了更深刻的认识，也更加了解并关注数据的采集、使用问题，为后期的数据安全管理提供了有益的参考价值。

7. 典型案例：国网福建省电力有限公司

（1）工业数据分类情况

国网福建省电力有限公司工业数据分类情况见表 5-11。

表 5-11　国网福建省电力有限公司工业数据分类情况

总体情况	应用试点范围	包含营销业务应用系统、财务管控系统、用电信息采集系统、设备（资产）运维精益管理系统、企业资源管理系统、通信管理系统、应急指挥系统、输变电状态监测系统等 15 套主营系统中的 41985 条数据，涵盖资产、人员、物资、财务、市场、项目等多项核心业务	
	数据类型总体数量 / 种	41985	
数据域情况	生产域	总量 / 种	5625
	平台运维域	总量 / 种	3923
	企业管理域	总量 / 种	32437
分类情况示例	数据域名称	企业管理域	
	数据域中所有数据类型	包括电网设备资产信息、电网设备供应链数据、人力资源数据等，涉及客户管理、财务管理、物资管理、市场管理、资产管理、安全管理、人员管理、项目管理、综合管理 9 个一级分类，下辖安全风险、客户、财务报告、预算管理等 34 个二级分类	

（2）工业数据分类经验总结

国网福建省电力有限公司深入学习《工业数据分类分级指

南（试行）》，了解数据分类的意义、要求和价值，制订了"业务部门提出分类依据—工作推进组牵头审核—业务部门优化调整"的工作流程，建立"纵横贯通"的工作机制，即互联网部门与各业务部门间横向会商机制，业务部门、省信通企业与支撑厂商三级纵向沟通协作机制，协调各方意见形成工作合力，有效提升数据分类的准确性。

在工作开展方面，国网福建省电力有限公司制订了工作方案与计划，严格按照工作进度、质量要求推进数据梳理工作。国网福建省电力有限公司将现有的全业务统一数据模型与工业数据分类目录模型相融合。把已划分的客户管理、财务管理、物资管理、市场管理、资产管理、安全管理、人员管理、项目管理、综合管理九大类划归至分类维度上的生产、运维、管理3个数据域中；已划分的46个二级分类按照数据表字段再细化出三级子类，形成符合工业数据分类要求的四级数据类别，最终形成涵盖资产、人员、物资、财务、市场、物资、项目等核心业务的15套主营系统，共41985条数据的工业数据分类目录清单。在此基础上，国网福建省电力有限公司开展数据负面清单梳理工作，将涉及商业机密和个人隐私的二级数据列入负面清单，进行统一管理，推进数据共享应用。

通过开展工业数据分类工作，国网福建省电力有限公司对内部研发、生产、运维、管理等环节的数据进行全面梳理，进一步理清数据资产家底，规范数据管理规章制度，建立统一数据管理体系，实现数据资源的统一规划、管理和使用，为最大化发挥数据作用和价值提供了重要的保障；同时，从数据采集与传输安全、数据存储安全、数据分析与使用安全、数据管理安全等方面进一步提高安全防护，明确数据安全和基本安全防护策略的定义，全面提高数据全生命周期的安全综合防御能力，科学合理地保障公司信息系统及重要数据信息的安全、稳定、可靠。具体的数据管理工作如下。

第一，初步建成了数据安全防护体系。国网福建省电力有限公司采取访问控制、数据加密、安全隔离等措施，打造密码设施、监测平台、靶场等安全基础设施，有效抵御了3万次以上的外部攻击。

第二，发布了数据负面清单。基于数据成果，国网福建省电力有限公司发布了企业级数据负面清单，并制订相应的数据共享机制；同时建立负面清单滚动修编机制，持续更新维护数据负面清单。

第三，构建了数据目录体系。结合数据分类成果，国网福建省电力有限公司按照"数据域——级子类—二级子类—三级子类"的结构，形成数据目录体系，实现数据目录的在线发布。数据目录对各部门和基层单位开放，支撑数据的快捷查询、定位、应用。

第四，搭建了数据运营平台。国网福建省电力有限公司面向企业各业务部门、基层单位开放数据超市、产品超市、数据产品管理及数据产品运营服务，为数据运营与管理提供统一场所，全面支撑数据汇聚、治理、应用，逐步推进数据运营管理向自动化、智能化转变。

第六章

数据分级：实现数据重点保护

工业数据分级理念

大数据分析和挖掘不仅会带来巨大的商业价值，同时也会泄露用户隐私，引发社会性风险。如何通过数据保护，在不泄露用户隐私的前提下，挖掘大数据的价值，提高大数据的利用率，是目前大数据研究的关键问题之一。目前，我国信息化建设飞速发展，多地、多个行业都建设了大数据中心，并致力于区域内的数据共享。大数据中心包含海量的数据，在推动数据资源共享开放的同时，加强数据资源的安全性，实行数据资源分级管理变得非常重要。

数据分级是从隐私安全与保护的角度出发，对数据进行等级划分，进而根据不同的等级要求

数据分级是按照数据资源的敏感程度确定数据级别，从而为不同类型数据的开放、共享和开发利用提供支撑。

对关键数据进行重点防护。数据分级的目的是确定责任主体的防护措施力度，实施差异化分级安全防护。数据的等级主要根据数据的保密性、完整性、可用性 3 个属性遭破坏后造成后果的严重程度来决定，这与国内网络安全等级保护定级、关键信息基础设施识别等相关标准及文件的思路是一致的。数据分级通过借鉴网络与信息系统等级保护的做法，从管理和技术等维度提出细粒度、有层次的数据分级保护措施，落实分级监管职责。

一、数据分级的战略意义

开展工业数据分级意义重大，主要体现在以下 3 个方面。

一是数据分级有助于强化工业企业的数据应用意识。 通过开展数据分级，引导企业进行数据管理和提升数据应用意识，有利于企业全面梳理自身工业数据类型，促进数据充分使用、全局流动和有序共享，全面提升企业数据管理能力和对工业数据重要性的认识。

二是数据分级有利于提升工业数据管理和应用水平。 加快工业数据的采集、挖掘、共享、利用等，最大限度地释放工业数据的潜在价值，充分发挥工业数据对数字经济的放大、叠加和倍增作用，提升企业信息化和工业化融合管理水平，推动大数据技术与制造业深度融合，夯实工业数据安全保障基础，助力数字经济高质量发展。

　　三是数据分级有利于工业企业变革生产方式。《工业数据
分类分级指南（试行）》为企业有效挖掘数据价值，加速工业
领域生产方式变革提供了强有力的政策指导和理论依据，明
确了企业数据安全防护的主体责任及相关要求，以及地方工
信主管部门的责任，便于识别数据管理中存在的不足，提升
企业数据管理能力，有效挖掘数据价值，实现企业生产方式
转变。

二、数据分级的国际做法

　　为积极应对数据安全风险和挑战，确保数据产业的健康发
展，各国政府历来都非常重视与数据的相关法规政策和标准的
制定。近年来，世界各国在信息系统安全方面的做法也充分体
现了数据分级保护的发展思路，主要通过对国家重要信息系统
的安全分级，形成了体系化的标准和指南性文件。

　　例如，美国《联邦信息和信息系统安全分类标准》（FIPS
199）是美国联邦政府机构信息系统分类分级防护的基础性标
准。信息和信息系统的"安全类别"是 FIPS199 提出的一种系
统级别概念。该定义建立在某些事件的发生会对机构产生潜在
影响的基础之上，具体以信息和信息系统的三类安全目标（保
密性、完整性和可用性）来表现。保密性、完整性和可用性是
信息资产最重要的 3 个属性，国际上称之为信息安全的"金三
角"。如果丧失保密性、完整性或可用性，会对机构运行、机

构资产和个人产生不同程度的影响。其中，保密性指保留对信息访问和披露的授权限制，包括保护个人秘密和所有权信息方法。保密性的丢失意味着信息泄露给未授权者。完整性通常被理解为"防止未授权的更改"和"防篡改"等。在信息安全领域，信息资产的完整性往往还意味着准确且正确的、未篡改的、仅能以被认可的方法更改、仅能被授权人员或过程更改。完整性的丢失意味着信息的非授权修改和破坏。可用性是指授权用户对信息实时、可靠的访问和使用，通俗来说就是"合法用户想用时能用"。FIPS199 按照"确定信息类型—确定信息的安全类别—确定信息系统的安全类别"3 个步骤进行信息系统最终的定级。

三、数据分级的国内概况

数据分级是以数据分类为基础，采用规范、明确的方法来区分数据的重要性和敏感度，并确定数据级别。数据分级有助于企业根据数据不同的级别，确定在数据生命周期的各个环节应采取的数据安全防护策略和管控措施，进而提高企业的数据管理和安全防护水平，确保数据的保密性、完整性和可用性。

在国内的实践中，多将数据分类和数据分级予以区别对待，例如，在《银行数据资产安全分级标准与安全管理体系建设方法》中，数据是按照主题、形态、元特征、应用、部署地点、生成时间等进行分类的，并按照数据的保密性和完整性进行高低级别的划分。

数据分级不仅是数据安全治理过程中至关重要的环节，也为数据的精细化安全管控提供了依据。《中华人民共和国数据安全法》首次从法律上对数据的分级管理做出明确的要求。

1. 划分数据层级

明确划分标准和层级。在数据分级标准上，可以考虑按照对国家安全和重大社会公共利益的危害程度进行划分。一般而言，

重要数据是指不涉及国家秘密，但如果泄露、窃取、篡改、损毁、丢失和非法使用可能危害国家安全、国计民生、公共利益、个人权益的未公开数据。例如，涉及国家安全的地理测绘数据。

受控数据是指可能影响国家安全而应予限制传播的数据。例如，可能影响国家安全的政府内部的工作数据。

一般数据是指可以按照规定予以公开的数据。例如，政务数据开放平台的数据。

数据可以被划分成 3 个层次，按重要性大小分别是重要数据、受控数据和一般数据。其中，重要数据和受控数据是《中华人民共和国数据安全法》规范和保护的重点。

2. 建立数据分类分级保护制度

《中华人民共和国数据安全法》第二十一条明确规定，国家建立数据分类分级保护制度，根据数据在经济社会发展中的重要程度，以及一旦遭到篡改、破坏、泄露或者非法获取、非法利用，对国家安全、公共利益或者个人、组织合法权益造成的危害程度，对数据实行分类分级保护。国家数据安全工作协调机制统筹协调有关部门制定重要数据目录，加强对重要数据的保护。关系国家安全、国民经济命脉、重要民生、重大公共利

益等数据属于国家核心数据，实行更加严格的管理制度。各地区、各部门应当按照数据分类分级保护制度，确定本地区、本部门以及相关行业、领域的重要数据具体目录，对列入目录的数据进行重点保护。

工业数据分级管理

一、工业数据分级体系

数据分级如图 6-1 所示。

判断潜在影响
根据工业数据一旦遭篡改、破坏、泄露或非法利用后，可能对工业生产、经济利益、社会效益等带来的潜在影响进行数据分级

一级数据、二级数据、三级数据

重要

图 6-1　数据分级

潜在影响符合下列条件之一的数据为三级数据。

☑ 易引发特别重大生产安全事故或突发环境事件，或造成特别巨大的直接经济损失。

☑ 对国民经济、行业发展、公众利益、社会秩序乃至国家安全造成严重影响。

潜在影响符合下列条件之一的数据为二级数据。

☑ 易引发较大或重大生产安全事故或突发环境事件，给企业造成较大的负面影响，或造成较大的直接经济损失。

☑ 引发的级联效应明显，影响范围涉及多个行业、区域或行业内多个企业，或影响持续时间长，或可导致大量供应商、客户资源被非法获取或大量个人信息泄露。

☑ 恢复工业数据或消除负面影响所需付出的代价较大。

潜在影响符合下列条件之一的数据为一级数据。

☑ 对工业控制系统及设备、工业互联网平台等的正常生产运行影响较小。

☑ 给企业造成负面影响较小，或直接经济损失较小。

☑ 受影响的用户和企业数量较少、涉及生产生活区域范围较小、持续时间较短。

☑ 恢复工业数据或消除负面影响所需付出的代价较小。

二、工业数据分级原则

为了方便管理，数据级别划分不宜过多，采用"就高不就低"原则，用定性和定量相结合的方法判断对工业生产经营、公共利益、经济社会稳定、生态环境、人民生命健康、国家安全等造成的最大后果来进行定级。鉴于数据具有流动性、可复制等特殊属性，存储三级数据的系统中也有可能流入或存储一级、二级的数据，所以数据的级别与承载它的系统级别没有必然的联系，数据流动过程中的级别以源数据的级别为准。但如果低级别的数据在流入高级别的系统的过程中，对系统的运行或服务产生了影响，则该数据应该重新被定级，级别应相应提高。从安全防护的角度考虑，系统中的所有数据应按照该级别系统的数据安全要求实施，高级别的数据一般不允许在无附加安全保护措施的情况下流入低级别的系统。

三、工业数据分级策略

针对梳理出来的每一类工业数据，考虑工业数据遭篡改、破坏、泄露或非法利用（以下简称"工业数据受损"）的潜在影响，确定每一类工业数据的级别。除了考虑数据间存在物理隔离等强去耦合措施之外，还应从该类数据整体受损的情况考虑最严重的潜在影响。不同行业、不同规模的企业对因数据受损所致后果的评价标准、承受能力均存在差异，因此建议各行业、各企业结合自身实际，从有利于数据管理的角度，研究制订科学合理的量化定级指标。

考虑因素一：对经济发展、社会稳定、国家安全的影响

1. 工业数据受损是否可能对政权稳固、民族团结、国防安全等构成严重威胁？

2. 工业数据受损是否可能对国民经济、行业发展、公共利益、社会秩序等造成严重影响？

考虑因素二：对工业生产安全造成的影响

3. 工业数据是否与工业生产现场设备和控制设备的正常运行相关？

4. 工业数据受损可能引发的生产安全事故是多高级别？

5. 工业数据受损对生态环境的影响程度有多大？

考虑因素三：对企业经济利益造成的影响

6. 工业数据受损可能造成多大的直接经济损失？

7. 在工业数据受损未造成特别巨大直接经济损失的情况下，恢复工业数据或消除负面影响所需付出的代价是否满足以下条件之一。

（1）恢复生产过程全部或关键部位的完整性或可用性，或者恢复生产过程的准确顺序极其困难。

（2）由于泄露了知识产权（例如，生产过程的技术秘密）而难以恢复竞争优势。

（3）给企业形象造成严重的负面影响，难以恢复企业声誉、社会公信力等。

考虑因素四：产生的级联效应

8. 工业数据受损后是否可能影响多个行业、区域，或者行业内多个企业？（考虑工业企业的供应链开放程度、平台企业跨行业跨领域属性等）

9. 工业数据受损后引发级联效应的持续时间如何？

10. 工业数据受损是否会导致大量的供应商、客户资源被非法获取或个人信息泄露?

11. 企业是否认为工业数据受损后会带来其他较严重的影响?

根据以上问题,企业最终可以形成工业数据分类分级管理目录。分级结果示例见表 6-1。

表 6-1　分级结果示例

序号	数据域	业务 / 系统名称	数据类别	级别	定级依据
1	生产域	MES 系统	加工设备参数	二级	可导致 1000 片主板报废,连带影响下游产品 2000 个,造成产能损失超千万元
2	平台运营域	工业应用使能平台	模型库—机理模型	一级	工业数据受损对工业 App 开发过程影响较小,对平台造成直接经济损失较小

工业数据分级实践

一、工业数据分级实施方法

本小节以某工业企业为例,介绍工业数据分级的实施方法。该企业为大型离散型智能制造企业,按照《工业数据分类分级指南(试行)》工业数据分级方法,将工业数据分为一级、二级、三级 3 个级别。

针对研发域研发设计数据中的知识产权数据,该企业判断其遭篡改、破坏、泄露或非法利用的潜在影响，确定数据级别。
对照工业数据分级策略中 4 个考虑因素，该企业完成了数据分
级过程。该企业综合考虑自身生产经营规模、损失承受力等，
最终将该类数据确定为二级数据。某工业企业研发域知识产权
数据分级示例见表 6–2。

表 6-2　某工业企业研发域知识产权数据分级示例

序号	考虑因素	具体问题	结果
1	对经济发展、社会稳定、国家安全的影响	工业数据受损是否可能对政权稳固、民族团结、国防安全等构成严重威胁	否
2		工业数据受损是否可能对国民经济、行业发展、公共利益、社会秩序等造成严重影响	否
3	对工业生产安全造成的影响	工业数据是否与工业生产现场设备和控制设备的正常运行相关	否
4		工业数据受损可能引发的生产安全事故是多高级别	
5		工业数据受损对生态环境的影响程度有多大	
6	对企业经济利益造成的影响	工业数据受损可能造成多大的直接经济损失	较小
7		在工业数据受损未造成特别巨大直接经济损失的情况下，恢复工业数据或消除负面影响所需付出代价是否满足以下条件之一：（1）恢复生产过程全部或关键部位的完整性或可用性，或者恢复生产过程的准确顺序极其困难；（2）由于泄露了知识产权（例如，生产过程的技术秘密）而难以恢复竞争优势；（3）给企业形象造成严重的负面影响，难以恢复企业声誉、社会公信力等	满足（2）（3），结合自身生产经营规模、损失承受力等，数据被定为二级数据

（续表）

序号	考虑因素	具体问题	结果
8	产生的级联效应	工业数据受损后是否可能影响多个行业、区域，或者行业内多个企业（考虑工业企业的供应链开放程度、平台企业跨行业跨领域属性等）	
9		工业数据受损后引发级联效应的持续时间如何	
10		工业数据受损是否会导致大量的供应商、客户资源被非法获取或个人信息泄露	
11	其他	企业是否认为工业数据受损后会带来其他较为严重的影响	

　　针对生产域制造执行系统（Manufacturing Execution System，MES）关键业务流程环节的主板加工参数，判断其遭篡改、破坏、泄露或非法利用的潜在影响，确定数据级别。该企业结合自身生产经营规模、损失承受力等因素，并参考《生产安全事故报告和调查处理条例》等相关文件，最终将该类数据确定为二级数据。某工业企业生产域主板加工参数分级示例见表 6-3。

表 6-3　某工业企业生产域主板加工参数分级示例

序号	考虑因素	具体问题	结果
1	对经济发展、社会稳定、国家安全的影响	工业数据受损是否可能对政权稳固、民族团结、国防安全等构成严重威胁	否
2		工业数据受损是否可能对国民经济、行业发展、公共利益、社会秩序等造成严重影响	否

（续表）

序号	考虑因素	具体问题	结果
3		工业数据是否与工业生产现场设备和控制设备的正常运行相关	是
4	对工业生产安全造成的影响	工业数据受损可能引发的生产安全事故是多高级别	较大安全事故，结合自身生产经营规模、损失承受力等，数据被定为二级数据
5		工业数据受损对生态环境的影响程度有多大	
6		工业数据受损可能造成多大的直接经济损失	
7	对企业经济利益造成的影响	在工业数据受损未造成特别巨大直接经济损失的情况下，恢复工业数据或消除负面影响所需付出代价是否满足以下条件之一：（1）恢复生产过程全部或关键部位的完整性或可用性，或者恢复生产过程的准确顺序极其困难；（2）由于泄露了知识产权（例如，生产过程的技术秘密）而难以恢复竞争优势；（3）给企业形象造成严重的负面影响，难以恢复企业声誉、社会公信力等	
8	产生的级联效应	工业数据受损后是否可能影响多个行业、区域，或者行业内多个企业（考虑工业企业的供应链开放程度、平台企业跨行业跨领域属性等）	
9		工业数据受损后引发级联效应的持续时间如何	

（续表）

序号	考虑因素	具体问题	结果
10	产生的级联效应	工业数据受损是否会导致大量的供应商、客户资源被非法获取或个人信息泄露	
11	其他	企业是否认为工业数据受损后会带来其他较为严重的影响	

　　针对运维域 ERP 系统中的物料订单数据，该企业判断其遭篡改、破坏、泄露或非法利用的潜在影响，确定数据级别。该企业综合考虑自身生产经营规模、损失承受力等，最终将该类数据确定为一级数据。某工业企业运维域物料订单数据分级示例见表 6-4。

表 6-4　某工业企业运维域物料订单数据分级示例

序号	考虑因素	具体问题	结果
1	对经济发展、社会稳定、国家安全的影响	工业数据受损是否可能对政权稳固、民族团结、国防安全等构成严重威胁	否
2		工业数据受损是否可能对国民经济、行业发展、公共利益、社会秩序等造成严重影响	否
3	对工业生产安全造成的影响	工业数据是否与工业生产现场设备和控制设备的正常运行相关	否
4		工业数据受损可能引发的生产安全事故是多高级别	
5		工业数据受损对生态环境的影响程度有多大	
6	对企业经济利益造成的影响	工业数据受损可能造成多大的直接经济损失	较小

（续表）

序号	考虑因素	具体问题	结果
7	对企业经济利益造成的影响	在工业数据受损未造成特别巨大直接经济损失的情况下，恢复工业数据或消除负面影响所需付出代价是否满足以下条件之一：（1）恢复生产过程全部或关键部位的完整性或可用性，或者恢复生产过程的准确顺序极其困难；（2）由于泄露了知识产权（例如，生产过程的技术秘密）而难以恢复竞争优势；（3）给企业形象造成严重的负面影响，难以恢复企业声誉、社会公信力等	不满足
8	产生的级联效应	工业数据受损后是否可能影响多个行业、区域，或者行业内多个企业（考虑工业企业的供应链开放程度、平台企业跨行业跨领域属性等）	否
9		工业数据受损后引发级联效应的持续时间如何	无级联效应
10		工业数据受损是否会导致大量的供应商、客户资源被非法获取或个人信息泄露	否
11	其他	企业是否认为工业数据受损后会带来其他较为严重的影响	否，结合自身生产经营规模、损失承受力等，数据被定为一级数据

针对管理域协同管理系统中的人员管理信息，该企业判断其遭篡改、破坏、泄露或非法利用的潜在影响，确定数据级别。该企业综合考虑自身生产经营规模、损失承受力等，最终将该类数据确定为二级数据。某工业企业管理域人员管理信息分级示例见表6-5。

表 6-5　某工业企业管理域人员管理信息分级示例

序号	考虑因素	具体问题	结果
1	对经济发展、社会稳定、国家安全的影响	工业数据受损是否可能对政权稳固、民族团结、国防安全等构成严重威胁	否
2		工业数据受损是否可能对国民经济、行业发展、公共利益、社会秩序等造成严重影响	否
3	对工业生产安全造成的影响	工业数据是否与工业生产现场设备和控制设备的正常运行相关	否
4		工业数据受损可能引发的生产安全事故是多高级别	
5		工业数据受损对生态环境的影响程度有多大	
6	对企业经济利益造成的影响	工业数据受损可能造成多大的直接经济损失	较小
7		在工业数据受损未造成特别巨大直接经济损失的情况下，恢复工业数据或消除负面影响所需付出代价是否满足以下条件之一：(1) 恢复生产过程全部或关键部位的完整性或可用性，或者恢复生产过程的准确顺序极其困难；(2) 由于泄露了知识产权（例如，生产过程的技术秘密）而难以恢复竞争优势；(3) 给企业形象造成严重的负面影响，难以恢复企业声誉、社会公信力等	满足(3)，结合自身生产经营规模、损失承受力等，数据被定为二级数据
8	产生的级联效应	工业数据受损后是否可能影响多个行业、区域，或者行业内多个企业（考虑工业企业的供应链开放程度、平台企业跨行业跨领域属性等）	
9		工业数据受损后引发级联效应的持续时间如何	
10		工业数据受损是否会导致大量的供应商、客户资源被非法获取或个人信息泄露	
11	其他	企业是否认为工业数据受损后会带来其他较为严重的影响	

　　针对外部域中定期搜集整理的经济环境数据，该企业判断其遭篡改、破坏、泄露或非法利用的潜在影响，确定数据级别。企业结合自身生产经营规模、损失承受力等信息综合考虑，最

终将该类数据确定为一级数据。某工业企业外部域经济环境数据分级示例见表6-6。

表6-6 某工业企业外部域经济环境数据分级示例

序号	考虑因素	具体问题	结果
1	对经济发展、社会稳定、国家安全的影响	工业数据受损是否可能对政权稳固、民族团结、国防安全等构成严重威胁	否
2		工业数据受损是否可能对国民经济、行业发展、公共利益、社会秩序等造成严重影响	否
3	对工业生产安全造成的影响	工业数据是否与工业生产现场设备和控制设备的正常运行相关	否
4		工业数据受损可能引发的生产安全事故是多高级别	
5		工业数据受损对生态环境的影响程度有多大	
6	对企业经济利益造成的影响	工业数据受损可能造成多大的直接经济损失	较小
7		在工业数据受损未造成特别巨大直接经济损失的情况下，恢复工业数据或消除负面影响所需付出代价是否满足以下条件之一：(1)恢复生产过程全部或关键部位的完整性或可用性，或者恢复生产过程的准确顺序极其困难；(2)由于泄露了知识产权（例如，生产过程的技术秘密）而难以恢复竞争优势；(3)给企业形象造成严重的负面影响，难以恢复企业声誉、社会公信力等	不满足
8	产生的级联效应	工业数据受损后是否可能影响多个行业、区域，或者行业内多个企业（考虑工业企业的供应链开放程度、平台企业跨行业跨领域属性等）	否
9		工业数据受损后引发级联效应的持续时间如何	无级联效应
10		工业数据受损是否会导致大量的供应商、客户资源被非法获取或个人信息泄露	否

（续表）

序号	考虑因素	具体问题	结果
11	其他	企业是否认为工业数据受损后会带来其他较为严重的影响	否，结合自身生产经营规模、损失承受力等，数据被定为一级数据

二、工业数据分级典型案例

1. 典型案例一：北汽福田汽车股份有限公司

（1）工业数据分级情况

北汽福田汽车股份有限公司工业数据分级情况见表6-7。

表 6-7　北汽福田汽车股份有限公司工业数据分级情况

总体情况	应用试点范围			全部工业数据		
	数据类型总体数量/种			66		
	三级数据数量/种			0	占比	0
	二级数据数量/种			42	占比	64%
	一级数据数量/种			24	占比	36%
数据域情况	平台运营域	总量/种	7	三级 0	二级 5	一级 2
	企业管理域	总量/种	55	三级 0	二级 5	一级 0
	生产域	总量/种	1	三级 0	二级 0	一级 1
	研发域	总量/种	3	三级 0	二级 2	一级 1
分级情况示例	二级示例	数据类型		生产计划		
		分级依据		生产计划与销售订单紧密相关，决定了能否按客户时间要求准时交货，影响北汽福田汽车在客户中的信誉与形象，数据如果要恢复，那么需要付出较大代价，故被定义为二级		
	一级示例	数据类型		能源消耗		
		分级依据		对生产运行影响较小		

（2）企业工业数据分级经验总结

根据业务的变化，北汽福田汽车股份有限公司持续优化信息系统，优化各业务系统，根据数据标准对业务数据进行合规性管理，尤其还建立了统一的研发管理协同平台，并在平台中对研发数模标准进行定义，对研发数模进行统一的分级管理，将源头统一管理贯穿研发业务全过程。

2. 典型案例二：北京东方国信科技股份有限公司

（1）工业数据分级情况

北京东方国信科技股份有限公司工业数据分级情况见表6-8。

表6-8　北京东方国信科技股份有限公司工业数据分级情况

		应用试点范围		全部工业数据		
总体情况		数据类型总体数量 / 种		38		
		三级数据数量 / 种		0	占比	0
		二级数据数量 / 种		23	占比	61%
		一级数据数量 / 种		15	占比	39%
数据域情况	平台运营域	总量 / 种	28	三级 0	二级 13	一级 15
	企业管理域	总量 / 种	10	三级 0	二级 10	一级 0
分级情况示例	二级示例	数据类型		算法数据 机理模型		
		分级依据		是可对平台客户提供的平台技术数据，使用范围和相关知识产权保护要求明确，数据丢失对客户造成中等损失		
	一级示例	数据类型		运行参数 控制信息 位置数据		
		分级依据		是不限定范围的公开相关数据，数据丢失对客户无影响		

（2）企业工业数据分级经验总结

首先，高层领导高度重视。企业成立了高级别工作组，负责工业互联网的高级副总裁主要负责、安排并督导相关工作。

其次，企业组织员工积极参加相关活动，认真学习贯彻《工业数据分类分级指南（试行）》的相关要求。企业邀请工业数据分类分级专家团队解读《工业数据分类分级指南（试行）》中的内容，在深度理解的基础上，坚决落实《工业数据分类分级指南（试行）》的相关要求。在宣贯及试点过程中，得到了《工业数据分类分级指南（试行）》编制专家的细致解答和指导，确保企业相关工作始终沿着正确的方向开展。

再次，建立专职团队，专岗专责。企业建立了以安全团队为主要负责部门，设立分类分级工作岗位，建立数据管理、研发实施、运营管理、运行维护等部门的协同工作机制。

最后，明确数据分级具体要求，并形成制度。企业整合相关管理制度，并按照分级管理中要求的形式进行了梳理，重新发布了管理规范，保证专项工作成为常规工作。企业发挥自身在大数据方面积累的 20 多年行业经验，基于企业自主研发的数据治理工具，研发了企业级数据分级管理平台，可针对企业各类大数据进行归类、定级、治理、管控等相关工作，该平台成为试点工作的核心支撑工具。

3. 典型案例三：新余钢铁集团有限公司

（1）工业数据分级情况

新余钢铁集团有限公司工业数据分级情况见表 6-9。

表 6-9　新余钢铁集团有限公司工业数据分级情况

	应用试点范围			部分工业数据			
总体情况	数据类型总体数量 / 种			135			
	三级数据数量 / 种		0	占比		0	
	二级数据数量 / 种		54	占比		40%	
	一级数据数量 / 种		81	占比		60%	
数据域情况	企业管理域	总量/种	50	三级	0	二级	24	一级	16
	生产域	总量/种	68	三级	0	二级	24	一级	44
	研发域	总量/种	7	三级	0	二级	5	一级	2
	外部域	总量/种	7	三级	0	二级	0	一级	7
	平台运营域	总量/种	3	三级	0	二级	1	一级	2
分级情况示例	二级子类	级别	定级依据				
	客户基础信息	二级	数据涉及客户敏感信息和企业商业秘密				
	客户评估信息	二级	数据涉及企业商业秘密				
	合同测价信息	一级	数据遭泄露、破坏，对企业影响有限				
	订单合同	二级	数据涉及客户敏感信息和企业商业秘密				
	现货产品信息	一级	数据遭泄露、破坏，对企业影响有限				
	期货产品信息	一级	数据遭泄露、破坏，对企业影响有限				

（续表）

分级情况示例	生产进程信息	二级	数据涉及客户敏感信息
	交付产品质量信息	二级	数据涉及客户敏感信息
	进口原燃料采购合同	二级	数据涉及供应商敏感信息
	国内原燃料采购合同	二级	数据涉及供应商敏感信息
	原燃料供应商基础信息	二级	数据涉及供应商敏感信息
	原燃料供应商评估信息	二级	涉及企业商业秘密
	电子招标数据	一级	数据遭泄露、破坏，对企业影响有限
	价格归档数据	二级	涉及供应商原燃料采购价格信息
	备品备件供应商基础信息	二级	数据涉及企业商业秘密
	基础代码（物资、工程、仓库、单位）	一级	数据遭泄露、破坏，对企业影响有限
	备品备件图纸	一级	数据遭泄露、破坏，对企业影响有限
	零库存采购合同	二级	涉及企业备品备件价格信息
	非零库存采购合同	二级	涉及供应商敏感信息和企业备品备件价格信息
	零库存采购协议	二级	涉及供应商敏感信息和企业备品备件价格信息
	招标采购数据	一级	数据遭泄露、破坏，对企业影响有限
	采购计划	一级	数据遭泄露、破坏，对企业影响有限
	领料计划	一级	数据遭泄露、破坏，对企业影响有限
	库存管理数据	一级	数据遭泄露、破坏，对企业影响有限
	转库管理数据	一级	数据遭泄露、破坏，对企业影响有限

（续表）

	发票数据	二级	涉及供应商敏感信息和企业备品备件价格信息
	付款通知单	二级	涉及供应商敏感信息和企业备品备件价格信息
	文件流转数据（上级来文、内部文件）	二级	涉及企业内部敏感信息
	文件审批数据	一级	数据遭泄露、破坏，对企业影响有限
	通知公告	一级	数据遭泄露、破坏，对企业影响有限
	会议室申请数据	一级	数据遭泄露、破坏，对企业影响有限
	会议资料	一级	数据遭泄露、破坏，对企业影响有限
	会议签到	一级	数据遭泄露、破坏，对企业影响有限
分级情况示例	重要报表数据	二级	涉及企业内部敏感信息
	一般报表数据	一级	数据遭泄露、破坏，对企业影响有限
	员工档案	二级	涉及企业员工个人隐私数据
	入职管理信息	二级	涉及企业员工个人隐私数据
	员工调动管理	一级	数据遭泄露、破坏，对企业影响有限
	薪酬管理数据	二级	涉及企业员工薪资信息
	考勤管理	一级	数据遭泄露、破坏，对企业影响有限
	排班数据	一级	数据遭泄露、破坏，对企业影响有限
	技能鉴定数据	一级	数据遭泄露、破坏，对企业影响有限
	培训管理数据	一级	数据遭泄露、破坏，对企业影响有限
	在线考试数据	一级	数据遭泄露、破坏，对企业影响有限
	固定、相关方人员、车辆信息	二级	数据遭篡改可能影响企业正常运行
	车辆违章信息	一级	数据遭泄露、破坏，对企业影响有限
	访客人员信息	一级	数据遭泄露、破坏，对企业影响有限
	员工卡数据	二级	涉及企业员工敏感信息
分级情况示例	员工账户信息（个人信息、账户余额、消费记录等）	二级	数据遭泄露、破坏可能对员工造成经济损失
	餐饮刷卡数据	一级	数据遭泄露、破坏，对企业影响有限
	食堂配餐数据	一级	数据遭泄露、破坏，对企业影响有限

（2）工业数据分级经验总结

新余钢铁集团有限公司根据数据敏感度对数据进行分级防护，提高了数据保护效率，降低了数据保护成本。公司部署了威胁感知平台，进行网络流量分析，对违规明文传输敏感数据行为进行了考核，采用管理与技术手段相结合的方式，保证了数据安全。

4. 典型案例四：美的集团股份有限公司

（1）工业数据分级情况

美的集团股份有限公司（下属广州华凌制冷设备有限公司）工业数据分级情况见表6-10。

表 6-10　美的集团股份有限公司（下属广州华凌制冷设备有限公司）工业数据分级情况

	应用试点范围			下属广州华凌制冷设备有限公司，数据量占比为10%			
总体情况	数据类型总体数量/种			31			
	三级数据数量/种			0	占比		0
	二级数据数量/种			17	占比		54.8%
	一级数据数量/种			14	占比		45.2%
数据域情况	研发域	总量/种	3	三级	0	二级	2	一级	1
	生产域	总量/种	11	三级	0	二级	4	一级	7
	平台运营域	总量/种	5	三级	0	二级	2	一级	3
数据域情况	管理域	总量/种	9	三级	0	二级	6	一级	3
	外部域	总量/种	3	三级	0	二级	3	一级	0

（续表）

分级情况示例	一级示例	数据类型	质量报表分析数据
			数据受损对社会稳定、国家安全等无影响，对生产安全无影响，造成经济损失小，无级联效应

（2）工业数据分级经验总结

美的集团股份有限公司下属的广州华凌制冷设备有限公司（以下简称"广州华凌制冷"）对31类工业数据进行了数据分级。其中，17类为二级数据，分别为产品数据、研究数据、需求订单整理数据、跟单总价、工作台数据、计划排程数据、采购订单下达数据、服务数据、运营数据、项目管理数据、资产管理数据、库存管理数据、采购平台数据、备料平台数据、物流配送数据、库存器具数据、财务管理数据；14类为一级数据，分别为知识产权数据，业务数据，采集数据，设备数据，驱动数据，网关数据，执行器数据，物料采购数据，管理数据，故障事故管理数据，维修数据，品质管理数据，故障报告、分析和纠正措施系统管理数据，质量报表分析数据。

通过数据分级，广州华凌制冷深入了解了自身的重点数据，能更快速地识别二级数据，并对这一类对企业生产、经济效益产生重大影响的数据进行重点保护，很好地保障了日常生产和运营；增强了恢复生产过程全部或关键数据的完整性与可用性的能力，降低了工业数据受损可能引发的生产安全事故级别；对工业敏感数据脱敏，有效防止了供应商、个人信息的泄露，提高了企业的声誉和社会公信力。

5. 典型案例五：深圳市赢领智尚服饰科技有限公司

（1）工业数据分级情况

深圳市赢领智尚服饰科技有限公司工业数据分级情况见表6-11。

表 6-11　深圳市赢领智尚服饰科技有限公司工业数据分级情况

总体情况	应用试点范围		部分已上线至平台的相关数据，目前还有部分线下门店数据尚未接入平台		
	数据类型总体数量 / 种		21		
	三级数据数量 / 种		0	占比	0
	二级数据数量 / 种		18	占比	85.7%
	一级数据数量 / 种		3	占比	14.3%
数据域情况	平台运营域	总量 / 种　18	三级　0	二级　15	一级　3
	企业管理域	总量 / 种　3	三级　0	二级　3	一级　0
分级情况示例	二级示例	数据类型	裁剪车间生产执行数据		
		分级依据	数据受损会造成工厂停产，一天损失近 200 万元，给企业形象造成严重的负面影响		
	一级示例	数据类型	成品仓库管理数据		
		分级依据	数据受损对社会稳定、国家安全等无影响，对生产安全无影响，造成的经济损失小，无级联效应		

（2）工业数据分级经验总结

深圳市赢领智尚服饰科技有限公司重视数据管理，将数据分级管理分为设备和制度规范两个部分。良好的设备是基础，制度规范是保障。针对不同级别的数据，制订了管理细则。

二级数据管理要求：系统宕机和恢复过程中不能丢失数据；如果有异常，则需要在半小时内恢复；一天备份一次全量数据；数据库要具备容灾能力。

一级数据管理要求：系统宕机和恢复过程中不能丢失数据；如果有异常，要在1～3小时内恢复；一周备份2～3次全量数据。

深圳市赢领智尚服饰科技有限公司主要通过以下手段保证数据安全：定期检查机房设备，检测系统运行情况；每天凌晨，脚本定时备份；设置数据库白名单，保证接入数据的安全等。

6. 典型案例六：安徽华茂纺织股份有限公司

（1）工业数据分级情况

安徽华茂纺织股份有限公司工业数据分级情况见表6-12。

表6-12 安徽华茂纺织股份有限公司工业数据分级情况

总体情况	应用试点范围			全部工业数据		
	数据类型总体数量/种			2586		
	三级数据数量/种		0	占比		0
	二级数据数量/种		2586	占比		100%
	一级数据数量/种		0	占比		0
数据域情况	研发域	总量/种	213	三级 0	二级 213	一级 0
	企业管理域	总量/种	795	三级 0	二级 795	一级 0
	生产域	总量/种	1544	三级 0	二级 1544	一级 0
	平台运营域	总量/种	34	三级 0	二级 34	一级 0

（续表）

分级情况示例	二级示例	数据类型	工艺主数据
		分级依据	恢复工业数据或消除负面影响所需付出的代价较大。数据丢失或者受到破坏，会影响企业生产
	一级示例	数据类型	考勤数据
		分级依据	给企业造成的负面影响较小，或直接经济损失较小

（2）工业数据分级经验总结

安徽华茂纺织股份有限公司（以下简称"华茂纺织"）通过加强信息部门与业务部门的合作，实现数据分级工作精准实施。在数据定级环节，业务部门必须参与，虽然信息部门能快速完成对数据的提取，但业务部门对数据重要性的判断更有发言权。华茂纺织在数据分级的过程中，将财务、销售、采购、生产、质量、设备、能源、人事数据先按大类划分，再由相应部门负责人去划分等级，最后汇总到《工业数据分类分级目录》。华茂纺织根据自己的实际情况，开展数据分级管理，结合《工业控制系统信息安全防护指南》中的防护要点，制订了安全防护制度，提高了公司的安全防护等级，加强了工业数据安全防护。

7. 典型案例七：国网福建省电力有限公司

（1）工业数据分级情况

国网福建省电力有限公司工业数据分级情况见表6-13。

表 6-13　国网福建省电力有限公司工业数据分级情况

总体情况	应用试点范围	包含营销业务应用系统、财务管控系统、用电信息采集系统、设备（资产）运维精益管理系统、企业资源管理系统、通信管理系统、应急指挥系统、输变电状态监测系统等 15 套主营系统共 41985 条数据，涵盖资产、人员、物资、财务、市场、物资、项目等核心业务					
	数据类型总体数量 / 种	41985					
	三级数据数量 / 种	0		占比		0	
	二级数据数量 / 种	508		占比		1.21%	
	一级数据数量 / 种	41477		占比		98.79%	
数据域情况	生产平台域	总量/种	5625	三级	0	二级	29	一级	5596
	平台运营域	总量/种	3923	三级	0	二级	60	一级	3863
	企业管理域	总量/种	32437	三级	0	二级	419	一级	32018
分级情况示例	二级示例	数据类型	财务管理				
		分级依据	参照《工业数据分类分级指南（试行）》相关条例，财务域涉及的应收、产权、资金、电价、资产、预算、工程财务、财力资源等信息，涉及公司商业秘密或个人隐私，遭篡改、破坏、泄露或非法利用会对公司造成较大的负面影响，直接经济损失较大，引发的级联效应明显，故将这些数据列为二级数据				

（续表）

分级情况示例	一级示例	数据类型	资产管理
			参照《工业数据分类分级指南（试行）》相关条例，资产管理涉及的实物资产、资产环境、资产工作、资产监测、资产失效、资产分析、公共信息等公司基础数据信息，不涉及公司的商业秘密、个人隐私，遭篡改、破坏、泄露或非法利用对公司造成的生产运行影响较小，经济损失较小，受影响范围较小，故将这些数据列为一级数据
		分级依据	

（2）工业数据分级经验总结

国网福建省电力有限公司参照《工业数据分类分级指南（试行）》，根据数据价值（普通数据、重要核心数据）、数据敏感程度（公开、秘密、机密、绝密）以及数据丢失造成的影响严重性（无影响、轻度影响、中度影响、重度影响）对数据进行分级，确定一级数据、二级数据以及不涉及威胁国民经济、国家安全等的三级数据。在此基础上，国网福建省电力有限公司开展了数据负面清单梳理工作，将涉及商业机密和个人隐私的二级数据列入负面清单，进行统一管理，推进数据共享应用。

结合工业数据分级情况，国网福建省电力有限公司创新安全检测手段，研发大数据平台安全检测系统和监测工具，建立漏洞及安全配置知识库，排查数据存储及应用层面的安全隐患。公司还梳理了商业秘密和工作秘密清单，将被列为二级的数据添加到数据负面清单中，同时建立基于数据负面清单的数据共享机制，对内建立数据负面清单数据授权审批机制，数据

使用方提出申请，经数据责任部门审批授权后方可使用数据。对外建立数据共享机制，严格按照有关数据安全、隐私保护和公司保密要求。如果要对外提供数据，则采取审批、静态脱敏和动态脱敏技术、数字水印技术等数据保护措施，确保公司数据对外使用安全。

此外，国网福建省电力有限公司建立了基于数据中台的内部受控环境，严格控制二级数据的访问权限；使用数据病毒防护、边界隔离、操作管理与审计等防护措施，及早发现不合规的静态数据风险，达到保护敏感信息的目的；采用智能授权、调用溯源、数据查验等举措，对数据的提供、共享、使用进行全程记录，保证数据应用的全过程留痕、可追溯，极大地提升了安全管理效率。

第七章

数据安全：完善数据保障体系

技术手段多元化

一、数据安全技术框架

1. 数据安全的基本目标

从广义上讲，数据安全与信息安全、网络安全等的内涵有很大重合，主要是从"以数据为中心"的视角来构建安全体系，按照《中华人民共和国数据安全法》中给出的定义，数据安全是指"通过采取必要措施，保障数据得到有效保护和合法利用，并持续处于安全状态的能力"。

数据安全技术的核心目标与信息安全、网络安全等基本一致，即保障数据资源的保密性（Confidentiality）、完整性（Integrity）、可用性（Availability）、可控性（Controlability）和不可否认性（Non-repudiation）。数据安全五性如图 7-1 所示。

- ◆ 保密性：保障数据资源不被未授权用户访问或泄露。
- ◆ 完整性：防止数据资源被未经授权篡改。
- ◆ 可用性：保障授权用户合法访问数据资源。
- ◆ 可控性：确保对授权范围内数据流向及行为方式的控制。
- ◆ 不可否认性：确保数据活动的各责任方不能否认其行为。

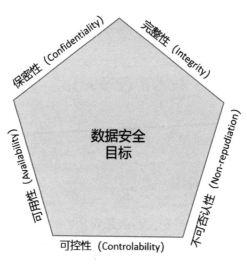

图 7-1　数据安全五性

随着数字化转型日益深入，特别是以"数字化、智能化、网络化"为特征的工业互联网的快速发展，工业领域中的能源、交通、制造等关系国计民生的基础设施对互联网的依赖性不断加大，其中的重要数据更是关乎国家安全和社会稳定，一旦遭到攻击或窃取，影响了数据的保密性、完整性、可用性、可控性和不可否认性，不仅会造成巨大的经济损失，还有可能造成重大事故和人员伤亡，严重危及国家安全和公众利益。

2. 数据安全技术体系框架

在工业领域中，数据安全威胁会出现在数据生命周期的各个环节，例如，在数据传输环节中，由于遭到攻击，流动共享的数据会因此传输中断，所以工业重要敏感数据会被截获、篡改、伪造等；在存储环节中，工业数据存储介质的多样性、存储属地的分散性、访问人员的复杂性会导致数据泄露等情况发生。因此，对数据的安全防护应从数据的整个生命周期考虑，包括数据采集、传输、存储、处理、流通、销毁等环节，这样才能全方位、多层次、长效保证数据的安全与可靠。数据安全技术框架如图7-2所示。

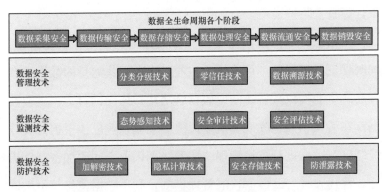

图 7-2　数据安全技术框架

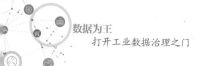
图7-2结合数据全生命周期各个阶段安全威胁特点，从管理、监测、保护等角度设计出数据安全技术框架。

在数据采集阶段，需要确保数据的完整性、准确性和机密性。工业数据种类繁多，数据格式和接口各异，采集到的数据在汇聚前需要进行数据整理工作，并且这些数据存在被窃取、被篡改等安全风险。在数据采集阶段，重点要加强对终端的安全防护，强化数据安全监测，减少终端可能被感染病毒、被木马或恶意代码入侵的渠道，降低数据安全风险。

在数据传输阶段，需要确保传输主体及节点身份的真实性和传输通道的安全性。工业数据传输过程中存在数据泄露和篡改的安全风险。在数据传输过程中，应加强信任体系的构建，对于接入设备等主体进行安全认证，加强审批管理，实现身份认证、授权管理和责任认定。特别是对重要、敏感的工业数据的交换操作要进行监控，采取文件格式检查、数据加密、交换审计等安全防护措施。

在数据存储阶段，需要确保存储数据的机密性、完整性，同时保证其可用性、可控性。工业云平台汇集海量的数据资源容易产生非授权数据访问或假冒合法用户访问的行为，工业数据存在丢失、被篡改或者泄露风险。工业企业应该根据分类分级制度对数据进行严格管理，按照级别采取不同的加密存储措施，并建立统一的数据权限管理机制，利用数据备份等手段确保数据安全及系统服务的连续性。

在数据处理阶段，需要确保数据在机构内部的合法合规操作和使用。工业数据重要性高、关联性强，存在大量涉及生产、运营、销售等内容的敏感数据，存在比较严重的数据泄露和滥用风险。工业企业要推进数据分类分级管理，强化访问控制权限管控，并在必要时采用数据脱敏、多方安全计算等技术，确保敏感数据不外泄；同时，对工业数据操作日志进行记录，对数据滥用进行有效识别、监控和预警，实现数据处理使用过程的数据溯源和审计。

在数据流通环节，需要确保数据在不同主体间流转和使用过程的安全合规。在工业领域，行业上下游或企业集团内部涉及设计、生产、销售等不同环节的数据交互流转，例如，设计数据与生产数据结合可有效提升生产效率；行业或企业集团间也涉及很多跨领域融合创新应用，例如，电力企业的充电桩数据可以为电动汽车运营企业提供支撑。但在数据流转的过程中可能面临比较严峻的数据泄露等安全问题，有必要采取隐私计算、区块链等技术实现数据"可用不可见"以及流转和使用过程的可管可控。

在数据销毁环节，需要确保敏感数据销毁工作的科学性和规范性。冗余的工业数据占据了大量的数据存储资源，在提高数据存储成本的同时也降低了工业应用的服务效率，工业数据销毁需要采用科学的销毁方式，包括数据存储介质的销毁、数据逻辑销毁等；此外，应当建立完善的工业互联网数据销毁的安全管理规范，包括数据销毁审批及记录等流程，防止工业数

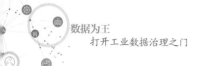

据销毁不当带来的数据丢失和泄露的风险。

二、典型数据安全技术

1. 访问控制技术

访问控制（Access Control）是典型的数据安全防护技术，主要依据安全管理策略、业务规则或数据资源属性等，对主体访问数据资源的行为进行控制。实际上，我们每个人每天都会经历大量的访问控制过程，例如，我们每天回家或到单位使用钥匙开门，使用手机时用密码、指纹或人脸解锁等，都是在使用访问控制技术。

访问控制主要包含主体、客体和控制策略 3 个要素。

◆ 主体（Subject）：主体主要能够提出访问客体的具体请求，可以是用户、管理员或其他相关方，也可以是用户启动的进程、服务和设备等。

◆ 客体（Object）：客体主要指被访问资源的实体，所有可以被操作的数据、资源、对象都可以是客体。

◆ 控制策略（Attribution）：控制策略是主体对客体的相关访问规则的集合，即属性集合。访问策略体现了一种授权行为，也是客体对主体某些操作行为的默认。

访问控制是保证系统保密性、完整性、可用性和合法使用性的重要基础，是网络安全防范和资源保护的关键策略之一，也是主体依据某些控制策略或权限对客体本身或其资源进行的不同的授权访问。

工业领域的访问控制技术应用十分广泛，特别是在工控系统的安全防护方面，主要包括以下几类产品。一是基于认证和授权的访问控制技术产品，主要解决 LAN、WLAN、Wi-Fi、WAN、远程接入、各类复杂环境的网络接入管理问题，利用可信计算、白名单等技术，为客户构建可信的计算环境，有效抵御未知病毒及其变种、恶意程序、高级可持续性攻击、利用零日漏洞攻击等攻击手段。二是基于网络边界防护的访问控制技术产品，主要实现对控制系统服务和访问的审计与控制，为基于链路层的工业通信协议提供有效的防护，并可抵御 MAC 攻击、DHCP 攻击及APR 攻击等常见的二层协议攻击，支持主流工控协议的检测控制，防止木马、口令嗅探和解密等攻击，能够阻挡针对工控系统的病毒和恶意攻击以及对于 TCP、UDP、ICMP 协议的攻击及探测。三是基于网络监控的访问控制技术产品，主要对工控网络内部违规操作进行检测，对关键人员、关键路径、关键资源的业务访问链路、协议、流量、时间、频率等进行监控，及时发现违反业务生产秩序的操作行为，维护网络正常业务秩序。

2. 密码技术

密码技术是数据安全技术的基础，是实现数据安全机密性、完整性和不可否认性等目标的核心技术。密码学（Cryptography）一词来源于古希腊语 Crypto 和 Graphein，意

思是密写，是以认识密码变换的本质、研究密码保密与破译的基本规律为对象的学科。

经典的密码学主要包括两个方面：密码编码学和密码分析学。密码编码学是指研究密码变化的规律并将其用在编制密码以保护秘密信息的科学。密码分析学又称密码破译学，是指研究密码变化的规律并将其用在破解密码以获取信息情报的科学。密码学为加密解密技术提供了理论基础，加密就是利用密码算法将明文适当打乱顺序形成密文，使密文在阅读的时候变得毫无意义，当然还要有一种方法让密文恢复到原始明文，这一过程就是解密。密码技术如图 7-3 所示。

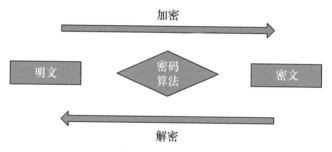

图 7-3　密码技术

密码算法有很多种，典型的有对称密码、非对称密码、单向散列密码等。其中，对称密码是指加密和解密使用同一密匙的密码算法，典型的对称密码算法有高级加密标准（Advanced Encryption Standard，AES）、数据加密标准（Data Encryption Standard，DES）等；非对称密码又称公钥密码，即算法会产生公钥和私钥，利用公钥和私钥的组合，可实现

加密和解密，典型的非对称密码算法有 RSA、SM2 等；单向
散列密码又称消息摘要函数，哈希函数或者杂凑函数，主要
用来确认明文的完整性，或者确认其是否被篡改。由于工业
终端的计算资源与存储资源有限，无法完成大规模、长时间的
运算，所以传统的加密算法不再适合这种资源受限的场景，一
系列轻量级加密算法逐步出现。密码算法应用如图 7-4 所示。

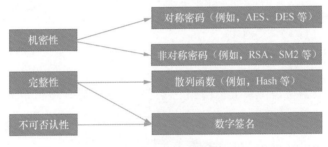

图 7-4　密码算法应用

　　在数据安全方面，密码技术主要用来解决数据安全存储和
数据安全传输问题。在数据安全存储方面，主要运用的是数据
存储加密技术，即利用密码算法将敏感数据加密后存储，以防
止原始数据被窃取后导致敏感信息泄露，例如，隐私数据、口
令信息和重要业务数据一般采用加密存储方式。在数据安全传
输方面，主要是保障数据在传输过程中的安全性，既要实现数
据保密，又要确保传输内容完整无篡改。目前，流行的技术是
基于非对称密码的电子认证技术，利用两种安全传输协议：互
联网安全协议（Internet Protocol Security，IPSec）和安全套接
字协议（Secure Sockets Layer，SSL）构建安全传输的加密通道。

IPSec 是一个工业标准网络安全协议，是通过对 IP 协议的分组进行加密和认证来保护 IP 协议的网络传输协议族，可以防止 TCP/IP 通信被窃听和被篡改。

SSL 是一个建立在 TCP 协议上提供端到端数据传输保护机制的协议，传输层安全（Transport Layer Security，TLS）是 SSL 的继任者，其目的是提出一种 SSL 版本的 Internet 标准，其实现原理和 SSL 非常相似。

3. 容灾备份技术

数据备份是容灾备份和业务连续性的基础，是指为防止系统出现操作失误或系统故障导致数据丢失，而将全部或部分数据集合从应用主机的硬盘或阵列复制到其他的存储介质的过程。传统的数据备份主要是采用内置或外置的磁带机进行冷备份。这种方式虽然可以防止操作失误等人为故障，但是数据恢复时间较长。随着技术的不断发展，数据的迅猛增加，不少企业已经开始采用网络备份。网络备份一般是通过专业的数据存储管理软件结合相应的硬件和存储设备来实现的。

三、新兴数据安全技术

1. 零信任技术

当今世界已经进入数字时代，数据成为重要的生产要素，但数据的价值只有在流通中才能实现，数据的安全、自由流动成为各方关注的焦点，打破网络和系统的边界势在必行，而如何界定各方权利和责任是关键，零信任体系为解决这一问题提供了新的思路。

基于边界防护和区域控制的信任模型是当前最常见的信任模型，它把内网或特定网络区域作为可信任的网络，例如，工业企业往往通过网络隔离确保自身的网络数据安全。特别地，随着防火墙技术的发展，越来越多的威胁信息都可以被防火墙直接拦截，这使边界防护模型的效果更加突出。但实际上，基于边界防护的信任模型存在一些致命弱点。一是容易暴露单点防护的脆弱性。各类网络攻击手段层出不穷，如果所有的安全防护都依赖于边界防护，一旦威胁形式超出边界防护的范围，那其造成的危害将不可想象。二是无法防护来自内部的攻击。依托边界防护的手段无法识别可信设备对其他可信设备进行攻击的行为。

2010 年，Forrester 公司的分析师约翰·金德瓦格提出了"零信任模型（Zero Trust Model）"。零信任模型的核心思想是网络边界内外的任何东西，在没有经过验证之前都不予信任，即从根本摒弃"网络边界"的想法，将注意力集中在网络中四处流通的数据包上。在零信任模型架构中，支持其正常运行的核心是控制平台，所有访问敏感信息的请求都先经过控制平台，由控制平台对访问进行评估，决定此次访问需要提供什么等级的认证信息，再校验访问所携带的认证信息是否达到标准，从而

实现认证。认证成功后，控制平台再对访问进行授权，如果认证失败，则拒绝访问。

当前，越来越多的企业意识到，信任需要在企业内部和外部生态环境中同步营造，零信任模型也成为发展趋势。目前，开展相关研究的企业较多，例如，谷歌针对内部应用安全访问建立了 Beyond Corp 安全模型，并基于 Beyond Corp 安全模型推出了"情境感知访问（Context-Aware Access for Enterprise）"的平台，面向企业用户提供更简单的权限访问，并实施精细的控制。此外，思科、派拓、赛门铁克等企业，也以收购的方式实现在零信任网络访问的纵向深入和业务的横向布局。零信任总体框架如图7-5所示。

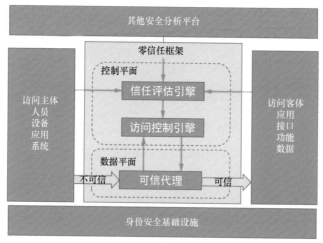

图7-5 零信任总体框架

2. 数据态势感知技术

随着数据量的急剧增加和数据价值的快速提升，数据应用的广度和深度不断加大，数据的分布、流通、溯源、安全分析等需求也在不断增加。对于管理者而言，数据态势感知能力的建设越来越重要。

态势感知源于航天飞行领域的人因研究，被用来描述飞行员对当前情境的观察、理解及做出决策的过程。在航空飞行、空中交通管制、电站操控以及军事管控等环境复杂多变的领域，态势感知的主要任务是理解并认识影响决策过程的关键环境因素。在网络空间中，态势感知的作用也十分显著，可以有效获得网络的整体态势，网络态势感知也已经成为网络安全领域的重要研究方向。

将态势感知的概念引入数据安全保护，有助于增强管理者对整个系统的数据流通的全局认识，实现对系统数据全景化感知。态势感知重点实现以下几个方面的功能。

◆ 敏感数据分布。展示大数据平台数据资产及统计视图，帮助管理者识别敏感数据资产分布。

◆ 可视化数据流向。分析和学习敏感及异常数据的分布趋势，实时监控数据流向及数据分布，建立可视化数据流向图；可实时监控敏感数据的异常流动，提醒运维管理人员进行核查。

◆ 数据血缘分析。分析敏感数据之间的关联关系，建立敏感数据血缘图谱，进而进行授权、脱敏等安全措施推荐。

◆ 数据威胁预警。预测用户对重要数据做出的危险行为，建立数据威胁预警机制。

◆ 数据溯源。追踪重现数据的历史状态和演变过程，实现数据历史档案的追溯。

在数据态势感知方面，数据溯源和取证也十分重要，区块链是一种重要的技术手段，能够实现在数据流通过程中的行为追溯。从本质上讲，区块链是一个共享数据库，存储其中的数据或信息。从技术视角来看，区块链涉及数学、密码学、互联网和计算机编程等很多科学技术。从应用视角来看，区块链是一个分布式的共享账本和数据库，具有"去中心化"、不可篡改、全程留痕、可以追溯、集体维护、公开透明等特点。基于这些特征，区块链技术奠定了坚定的信任基础，创造了可靠的合作机制，具有广阔的运用前景。这些特点保证了区块链的诚实与透明，为区块链创造信任奠定基础。

3. 隐私计算技术

隐私计算技术广义上是指面向隐私保护的计算系统与技术，涵盖数据的产生、存储、计算、应用、销毁等全生命周期，使数据在各个环节中"可用不可见"。隐私计算技术已经在数据共享和应用方面得到较为广泛的应用，包括互联网领域的商业信用评价、金融领域的风险管控等。

目前，隐私计算技术主要包括 3 类：一是基于密码学理论的隐私计算技术，主要包括多方安全计算（Secure Multi-Party Computation，MPC）、同态加密、不经意传输和零知识证明等；

二是基于明文算法的隐私计算技术，主要包括联邦学习、差分隐私和数据脱敏等；三是基于可信硬件的隐私计算技术，即可信执行环境（Trusted Execution Environment，TEE），主要包括 ARM 公司提供的 Trust Zone 和英特尔公司的 SGX（Software Guard Extensions）。隐私计算技术类型如图 7-6 所示。

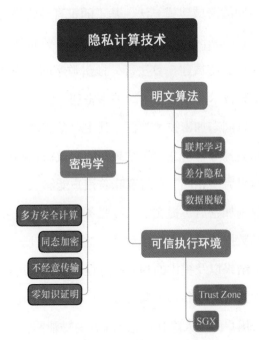

图 7-6　隐私计算技术类型

在国内已有大量的企业推出隐私计算技术相关产品，例如，百度推出了通用安全计算框架 MesaTEE，它综合采用了混合内存安全技术、密文计算技术（例如，英特尔公司的 SGX），以及可信计算技术（例如，可信计算模块），提供隐私和安全保障能力。阿里巴巴公司推出了安全计算平台"数巢"系统和"摩斯"系统，支持基于 TEE 及 MPC 的密文计算，已广泛应用于联合金融风控、保险快速理赔、民生政务、多方联合营销、多方联合科研、跨境数据合作等多个领域。京东数科在同态加密和多方安全计算的基础上，结合基于线性回归和逻辑回归的跨域建模算法，基于随机森林的横向 / 纵向面向数据安全和隐私保护的跨域建模算法，水平聚合面向数据安全和隐私保护的跨域建模算法等，推出数字网关产品。

隐私计算技术与密码技术的关系密切，但实际方式和作用有所不同。以同态加密技术为例，其主要是实现在加密结果上直接进行相关计算，密文计算结果与明文数据直接计算后再进行加密的结果完全相同。这就意味着用户能够放心地将自己拥有的隐私数据加密后再提交给云端服务商，云端服务商在不知晓用户隐私数据的前提下直接对密文数据进行计算、分析，并将密文计算结果以及提供的相应服务返回给终端用户，用户在终端解密数据后即可获得正确的数据计算结果，在整个数据流动过程中，用户的个人隐私信息完全没有被泄露。

隐私计算技术的主要适用场景包括联合数据分析、数据安全查询、数据可信交换等。隐私计算技术在大数据环境下的数据机密性保护有独特的优势，在工业数据共享和隐私保护中具有重要意义，多用于跨企业、跨行业的数据流通，可实现多方之间的数据可信交换共享，确保非数据提供方在不获取源数据的前提下，也可以深入挖掘数据的价值。

防护体系立体化

一、数据安全防护体系框架

1. 数据安全风险日趋严峻

在大数据时代，数据的产生、流通和应用更加普遍，在为经济社会发展提供新动力的同时，也带来更多的数据安全风险和挑战。特别是在关乎国民经济命脉的支柱性产业的工业领域，很多工业系统和数据一旦遭受攻击，将对国家安全和社会稳定带来重大影响，它们具有较高的安全等级，面临的安全风险可以分为以下几个方面。

开放互联引入大量外部数据安全风险。随着工业领域数字化转型进度加快，越来越多的工控系统与互联网连接，传统相对封闭的工业生产环境被打破，互联网上的病毒、木马等威胁从网络端蔓延至内网系统，黑客可从网络端攻击工控系统，甚至通过攻击外网服务器和办公网窃取数据。与此同时，由于工业企业长期采取网络隔离措施确保安全，所以其自身安全防护水平差距被拉大，大量工业设备存在端口开放、漏洞未修复、接口未认证等安全隐患，这些都是黑客可以轻松入侵的攻击

点，将造成重要工业数据泄露、财产损失等严重后果。

流程复杂、标准不一引发安全风险。工业领域的细分领域多，业务流程、标准规范差异性大，安全防护难度大。从数据采集角度看，不同行业、企业间的数据接口规范和通信协议仍不统一，整体防护难以实现，采集数据的保密性和完整性可能被破坏。从数据传输角度看，工业数据实时性要求高，传统加密传输等安全技术难以适用，需要专用的轻量级密码技术。从数据应用角度看，工业数据的源数据多维异构、碎片化，传统数据清洗与解析、数据包深度分析等措施的实施效果不佳。从数据管理角度看，工业数据涉及的环节较多，业务流程复杂，数据流通面临多路径、跨组织的复杂流通模式，导致数据传输过程难以追踪溯源。

新技术应用带来新的数据安全风险。随着工业互联网的快速发展，5G、数字孪生、虚拟现实等新技术逐步被引入工业领域，新技术自身的安全风险也会同步被引入工控系统，从而产生数据安全风险隐患。例如，随着云计算、大数据、人工智能等技术的引入，越来越多的工控系统和设备直接或间接与云平台连接，网络攻击面显著扩大，整体系统的脆弱性加大，如果单点被突破，很可能就会引发系统性风险。

2. 工业数据安全防护框架

对政府而言，需要从保障国家安全的高度建设完善数据安全保障体系，维护网络数据的完整性、保密性和可用性，保障信息主体对个人信息的控制权利，强化国家对重要数据的掌控能力。对企业或组织而言，需要从保护商业秘密、业务正常运行、客户合法权益等方面开展数据安全防护工作：一是保护数据本身的安全性；二是满足国家相关法律法规针对重要数据和个人信息的合规性要求。

数据安全防护建设需要以"数据为中心"，聚焦数据生态体系，从管理、技术等角度出发，围绕数据生命周期构建立体化防护体系。数据安全防护体系框架如图 7-7 所示。

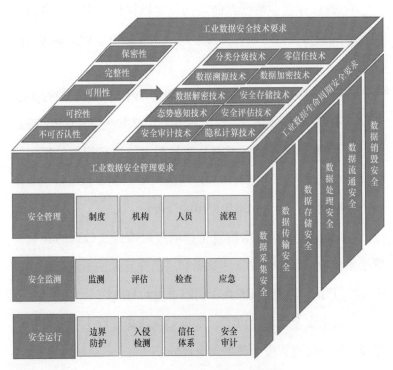

图 7-7　数据安全防护体系框架

从数据生命周期来看，根据数据在组织机构业务流转的情况，数据生命周期可以被定义为 6 个阶段，具体各阶段的定义如下所述。

◆ 数据采集。数据采集是指在组织机构内部系统中新生成数据，以及从外部收集数据的阶段，其安全风险主要存在于采集终端和数据汇聚过程。

◆ 数据传输。数据传输是指数据在组织机构内部从一个实体通过网络流动到另一个实体的阶段，其安全风险主要集中于数据传输过程的信任机制。

◆ 数据存储。数据存储是指数据以任何数字格式进行物理存储或云存储的阶段，其安全风险主要集中于数据的访问控制环节。

◆ 数据处理。数据处理是指组织机构在内部针对数据进行计算、分析、可视化等操作的阶段，其安全风险主要集中于数据处理手段。

◆ 数据流通。数据流通是指数据由组织机构与外部组织机构及个人交互、开发利用和应用的阶段，其安全风险主要集中于数据交互、开发利用和应用的合规性。

◆ 数据销毁。数据销毁是指通过对数据及数据的存储介质采用相应的操作手段，使数据彻底消除且无法通过任何手段恢复的过程，其安全风险在于销毁手段的有效性。

从数据安全管理角度看，数据安全防护建设主要包括组织管理、安全监测和安全防护 3 个部分。

◆ 组织管理。组织管理包括制度、机构、人员和流程等，数据安全管理工作提供实际操作办事规程和行动准则，保证数据安全管理方针、策略、制度的统一制订和有效实施。

♦ 安全监测。安全监测包括检测、评估、检查、应急等，主要实现对系统和环境的数据安全状态的有效掌控，确保出现的数据安全问题被及时处理。

♦ 安全防护。安全防护包括边界防护、入侵检测、信任体系、安全审计等，主要依托安全防护策略和相应的安全技术产品抵御外部安全风险。

从数据安全技术角度看，数据安全防护建设主要是为数据安全管理提供技术手段，是数据安全实践工作的保障条件。作为数据安全管理的辅助手段，数据安全技术手段提供了数据收集及使用具体场景中的安全工具，为落实数据安全制度规程、实现数据安全防护的总体目标提供了技术支持，保证纸面上的管理制度要求在实际工作中得到切实执行。

二、数据安全防护规范化流程化

1. 数据安全管理要求

数据安全管理涉及组织机构与人员管理、规范制度流程和安全事件应急响应 3 个部分。

♦ 组织机构与人员管理。通过建立组织机构内部负责数据安全工作的职能部门及岗位，以及对人力资源管理过程各环节进

行安全管理，防范在组织和人员管理过程中存在的数据安全风险。

◆ 规范制度流程。根据与数据安全相关的法律法规要求，保证组织机构业务的发展不会面临个人信息保护、重要数据保护、跨境数据传输等方面的合规风险。

◆ 安全事件应急响应。建立针对数据的安全事件应急响应体系，对各类安全事件进行及时响应和处置。

2. 数据安全技术要求

数据安全技术要求涉及数据采集与传输安全、数据安全存储、数据安全分析与使用、数据管理安全四大部分。

第一部分：数据采集与传输安全

这部分主要考虑数据采集安全管理、数据源鉴别及记录、数据质量管理、数据传输加密和网络可用性管理等内容。

◆ 数据采集安全管理。在采集外部客户、合作伙伴等相关方数据的过程中，明确采集数据的目的和用途，确保数据源满足真实性、有效性和最少够用等原则要求，并规范数据采集的渠道、数据的格式以及相关的流程和方式，从而保证数据采集的合规性、正当性和执行上的一致性，以及符合相关法律法规的要求。

◆ 数据源鉴别及记录。对产生数据的数据源进行身份鉴别和记录，防止数据仿冒和数据伪造。

◆ 数据质量管理。建立组织机构的数据质量管理体系，保证数据采集过程中收集 / 产生的数据的准确性、一致性和完整性。

◆ 数据传输加密。根据组织机构内部和外部的数据传输需求，采用适当的加密保护措施，保证传输通道、传输节点和传输数据的安全，防止在传输过程中数据泄露。

◆ 网络可用性管理。通过网络基础链路、关键网络设备以及网络层数据防泄露设备的备份建设，可实现网络的高可用性，从而保证传输过程中数据的稳定性。

第二部分：数据安全存储

这部分主要考虑存储介质安全、逻辑存储安全、数据备份和恢复等内容。

◆ 存储介质安全。针对组织机构内部需要对数据存储介质进行访问和使用的场景，可为其提供有效的技术和管理手段，防止对介质的不当使用而可能引发的数据泄露风险。存储介质包括终端设备和网络存储。

◆ 逻辑存储安全。基于组织机构内部的业务特性和数据存储安全要求，可建立针对数据逻辑存储、储容器和架构的有效安全控制机制。

◆ 数据备份和恢复。通过执行定期的数据备份和恢复，可实现对存储数据的冗余管理，保护数据的可用性。

第三部分：数据安全分析与使用

这部分主要考虑数据分析安全、数据正当使用、数据处理环境安全、数据导入导出安全、数据共享安全、数据发布安全、数据接口安全、数据销毁处置等内容。

◆ 数据分析安全。通过在数据分析过程中采取适当的安全控制措施，防止数据挖掘、分析过程中有价值的信息和个人隐私泄露的安全风险。

◆ 数据正当使用。基于国家相关的法律法规对数据分析和使用的要求，可建立数据使用过程的责任机制、评估机制，保护国家机密、商业秘密和个人隐私，防止数据资源被用于不正当的目的。

◆ 数据处理环境安全。为组织机构内部的数据处理环境建立安全保护机制，提供统一的数据计算、开发平台，确保数据处理过程中有完整的安全控制管理和技术支持。

◆ 数据导入导出安全。通过对数据导入、导出过程中对数据的安全性进行管理，防止在数据导入导出过程中可能对数据自身的可用性和完整性构成危害，降低可能存在的数据泄露风险。

◆ 数据共享安全。通过业务系统、产品对组织机构外部提供数据时，以及通过合作的方式与第三方合作伙伴交换数据时执行共享数据的安全风险控制，以降低数据共享场景下的安全风险。

◆ 数据发布安全。在对外部组织机构进行数据发布的过程中，通过对发布数据的格式、适用范围、发布者与使用者权利和义务执行必要的控制，以实现在数据发布过程中数据的安全、可控与合规。

◆ 数据接口安全。通过建立组织机构的对外数据接口的安全管理机制，防范组织机构的数据在接口调用过程中的安全风险。

◆ 数据销毁处置。通过建立针对数据内容的清除、净化机制，实现对数据的有效销毁，防止因对存储介质中的数据内容进行恶意恢复而导致数据泄露。

第四部分：数据管理安全

这部分主要考虑数据安全策略规划、数字资产管理、数据供应链安全、元数据管理、终端数据安全、监控与审计、鉴别与访问、需求分析等内容。

◆ 数据安全策略规划。建立适用于组织机构数据安全风险状况的数据安全策略规划，数据安全策略规划的内容应覆盖数据全生命周期内的安全风险。

◆ 数字资产管理。通过建立针对组织机构数据资产的有效管理手段，从资产的类型、管理模式等方面实现统一的管理标准。

◆ 数据供应链安全。通过建立组织机构的数据供应链管理机制，防范组织机构上下游的数据供应过程中的安全风险。

◆ 元数据管理。建立组织机构的元数据管理体系，实现对组织机构内部元数据的有效集中管理。

◆ 终端数据安全。基于组织机构对终端设备层面的数据保护要求，组织机构内部的工作终端可采取相应的技术和管理方案。

◆ 监控与审计。针对数据生命周期的各个阶段（数据采集、数据传输、数据存储、数据处理、数据交换、数据销毁）建立安全监控与审计机制，以保证对数据的访问和操作均得到有效的监控与审计，以实现对数据生命周期各个阶段可能存在的未

授权访问、数据滥用、数据泄露等安全风险的防控。

◆ 鉴别与访问。通过基于组织机构的数据安全需求和合规性要求建立身份鉴别和数据访问控制机制，防范未授权访问数据的风险。

◆ 需求分析。建立针对组织机构业务的数据安全需求分析体系，分析组织机构内部数据业务的安全需求。

三、企业数据安全防护实践

1. 数据安全管理基本完善

从工业企业的实践案例来看，大多数企业建立了较为完善的数据安全组织机构和制度规范，在数据安全管理方面具备较好的基础。

在组织机构方面，超过 90% 的企业设立了数据主管部门，部分企业专门设立了数据管理部门，还有一部分企业依托信息中心等已有的信息技术部门开展数据管理工作。例如，北汽福田汽车股份有限公司成立了由公司一把手牵头的深入事业部层级的数据管理组织，定义各组织的职能职责，各业务部门负责所辖业务域的数据标准的制订、流程梳理以及历史数据的清理；浙江省烟草公司宁波市公司由信息中心牵头，组织开展数据管理相关制度建设和具体管理落实工作；江苏核电有限公司在信息文档处下设了数据管理科作为数据管理机构，配备专职工作人员 5 名。

在制度规范方面，所有企业均制订了数据安全相关管理制度规范（部分企业在信息安全制度规范中予以体现）。例如，国网福建省电力有限公司制订了《国网福建省电力有限公司数据资产管理实施细则（试行）》《国网福建省电力有限公司数据治理方案》《国网福建省电力有限公司 2020 年数据管理行动计划》《国网福建省电力有限公司数据应用管理细则》等制度规范，覆盖了数据采集、存储、管理、共享、使用等整个生产运营过程中的数据管理规范，初步建成了涵盖数据标准、数据质量、数据共享、数据需求、数据应用、数据安全等环节的执行流程，保障数据管理全流程的高效、规范、可控；中联重科股份有限公司在《计算机信息安全管理办法》中明确提出了数据安全、设备安全管理，安全防护等级要求以及处理办法，在《信息系统运维管理办法》中明确提出了信息系统的运维制度以及数据备份安全策略。

在应急响应方面，超过 80% 的企业制订了数据安全应急响应制度（部分企业在网络安全应急响应制度中予以体现），多数企业会定期开展应急演练工作。例如，北京东方国信科技股份有限公司制订了《工业数据分类分级管理办法》，针对数据安全事件制订了应急预案，并针对数据安全责任进行了量化；美的集团股份有限公司每年会进行一次应急预案演练活动，定期进行相关应急预案的安全培训，《SCADA2.0 应急预案》明确制订了数据安全的相关措施；中国石油化工股份有限公司胜利

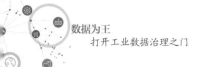

油田分公司编制了数据安全应急预案并定期开展应急演练活动。

2. 数据安全防护水平有待加强

从企业数据安全的实践案例来看，多数企业仍集中在传统网络安全防护层面上，在数据安全层面仅具备一些安全存储和安全传输等基本能力，较少部分的企业针对数据安全生命周期流程建立了完善的数据安全防护体系。下面列举几个在数据安全方面措施相对完善的案例。

案例：四川长虹电器股份有限公司

四川长虹电器股份有限公司从数据权限管理、数据容灾、数据脱敏／加密、数据防泄露等方面采取了数据安全措施，具体如下所述。

数据权限管理：从账号层面将数据权限进行划分和管理。

数据容灾：利用本地／异地备份，定期进行恢复性测试，保障数据能够及时恢复，使业务连续。

数据脱敏／加密：通过脱敏／加密的方式保障涉密数据在使用和共享环节无法被组织机构外部直接查看和使用。

数据防泄露：通过身份认证、访问控制、日志审计、异常行为监控等方式对数据采集、存储、使用、共享的各个环节进行保护，防止数据泄露。

消息通知：通过消息通知的方式将数据的安全等级、注意事项等告知数据需求方，并要求数据需求方严格按照规定以合理的方式和途径使用数据。

案例：浙江省烟草公司宁波市公司

浙江省烟草公司宁波市公司根据数据生命周期以及通用安全要求，针对数据分类分级的结果，制订了相应的安全技术防护措施，具体如下所述。

在数据采集与传输安全方面，对网络基础链路、关键网络设备采用链路冗余和设备冗余等方式，实现网络的高可用性，保证数据传输过程的稳定性；按照等级保护要求，对网络环境实行分区分域管理，按照信息系统安全需要划分，分为生产域、运维域、安全支撑域等不同网络域，区域之间部署防火墙、入侵防御和防病毒设备，在不同安全域之间配置访问控制，将访问颗粒度控制到 IP 和端口；采用态势感知、探针、防火墙等访问控制策略，对数据在内网的传输过程实行实时监测和严格管控；采用加密保护措施，保证传输通道、传输节点和传输数据的安全，防止数据在传输过程中泄露。

在数据存储与主机安全方面，对信息系统服务器和访问的终端主机安装杀毒、终端准入等主机防护软件；定期进行数据备份，根据分级结果，对不同等级的数据采取不同的备份策略，保护数据的可用性；针对不同存储介质的访问场景，使用不同的技术和管理手段，例如，拆除工控主机上的 USB 接口等方式，防范存储介质使用不当可能引起的数据泄露风险。

在数据管理和使用安全方面，建立最小授权和责任部门审批机制，对不同人员、不同级别的数据使用、修改、共享行为实行严格管控；建立信息系统数据资产清单，清单包括数据名称、数据内容、存储位置、数据流向、使用方式，以及每项数据的管理部门等基本情况，并定期更新数据资产清单。

案例：中联重科股份有限公司

中联重科股份有限公司按照数据生命周期明确数据安全管理要求，具体如下所述。

在数据采集过程中，设置专人专岗，对采集节点进行网络隔离，数据只进不出，保障数据采集在受控的范围内。

在数据传输过程中，一级数据、二级数据与三级数据需要基于公司内网或 VPN 的加密网络进行传输，三级数据中的敏感信息在传输时需要使用 DES128 对称算法进行加密。

在数据存储过程中，参考《信息系统运维管理办法》对一级数据、二级数据与三级数据进行备份，当清理二级数据与三级数据时，参考《计算机信息安全管理办法》对介质进行消磁或彻底的格式化，三级数据中的敏感信息在存储时需使用 DES128 对称算法进行加密。

在数据使用过程中，数据提取时需要对数据提取需求进行严格审批，对数据提取的数据范围和访问权限进行严格管控，并由提取部门负责所提取数据的安全；数据分享时，一级数据需要经过相应流程审批之后再对外开放，二级数据需要经过相应流程审批之后再对获取该级数据的授权机构及相关人员开放，三级数据原则上不分享；对于临时性数据、过程性数据需要及时销毁。

当数据遭篡改、破坏、泄露或非法利用时，应立即启动应急预案进行应急处置。

管理策略规范化

一、数据安全治理体系

2003 年，在《国家信息化领导小组关于加强信息安全保障工作的意见》（中办发〔2003〕27 号）中，我国首次提出了"国家信息安全保障体系"概念，经过近 20 年的发展，国家信息安全保障体系已较为完善。但随着数字经济的快速发展，我国正从工业经济时代逐步迈向数字经济时代，数据安全的重要性日趋提升，《中华人民共和国网络安全法》中对重要数据和个人信息的保护提出了明确的要求，《中华人民共和国数据安全法》已经于 2021 年 6 月 10 日通过，《中华人民共和国个人信息保护法（草案）》也已于 2020 年公开征求意见，一系列国家政策措施推动了数据要素市场的发展，可以预测数据将成为经济社会发展的关键要素，数据安全治理体系也将成为确保经济社会健康稳定发展的重要保障。

参考国家信息安全保障体系，本书给出了数据安全治理体系框架。数据安全治理体系框架如图 7-8 所示。其中，国家数据基础设施包括国家、各行业和各地方的一体系化大数据平台、数据交换共享平台、数据开放平台、数据资产运营中心、数据交易中心，以及涉及社会公共数据资源的大型互联网平台等，

数据为王
打开工业数据治理之门

数据安全治理体系将为国家数据基础设施提供安全保障。

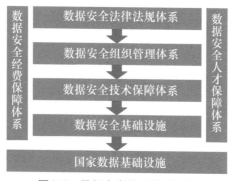

图 7-8　数据安全治理体系框架

数据安全治理体系涵盖了数据安全法律法规体系、数据安全组织管理体系、数据安全技术保障体系、数据安全经费保障体系和数据安全人才保障体系，以及数据安全基础设施。其中，数据安全基础设施主要是指提供数据安全监测、态势感知、防护、预警、应急响应等公共服务的平台等；数据安全法律法规体系主要涉及《中华人民共和国数据安全法》《中华人民共和国个人信息保护法（草案）》以及各行业、各地方的数据安全相关法规；数据安全组织管理体系主要以中央网络安全和信息化委员会为统领，国家安全部、公安部、国家密码管理局、国家保密局、工业和信息化部等相关部门依据分工承担管理职责的组织管理体系；数据安全技术保障体系主要是涵盖管理技术、监测技术、防护技术等在内的覆盖数据治理与流通全生命周期的技术保障体系；数据安全经费保障体系和数据安全人才保障体系主要涉及数据安全的经费投入和人才培训等内容。

二、工业数据安全治理取得积极进展

1. 政策文件出台步伐加快

我国不断加大对工业数据安全的重视程度，逐步完善政策环境。2011年9月，工业和信息化部发布了《关于加强工业控制系统信息安全管理的通知》（工信部协〔2011〕451号），从连接管理、组网管理、配置管理、设备选择与升级管理、数据管理等方面，明确加强了工业控制系统信息安全管理的具体规范。2016年5月，国务院印发了《国务院关于深化制造业与互联网融合发展的指导意见》（国发〔2016〕28号），明确提出"提高工业信息系统安全水平"。2016年10月，工业和信息化部印发了《工业控制系统信息安全防护指南》（工信软函〔2016〕338号），明确提出"将访问控制作为加强工业控制系统信息安全保障的重要手段"。2016年11月，《中华人民共和国网络安全法》通过，其对重要数据、个人信息保护和数据跨境等提出了要求。2020年6月，第十三届全国人民代表大会常务委员会第二十次会议审议通过了《中华人民共和国数据安全法》，从法律层面进一步强化了数据安全保障能力；工业和信息化部陆续发布了《工业数据分类分级指南（试行）》《关于工业大数据发展的指导意见》等政策文件，为开展工业数据分类分级、管理能力评估、有序共享、治理与

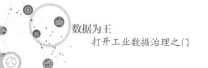

防护等相关工作提供了政策指导。

2. 标准研制成果初步显现

近年来，我国不断加快数据安全相关标准制订工作。在中共中央网络安全和信息化委员会办公室、工业和信息化部等主管部门的支撑下，《数据管理能力成熟度评估模型》《数据安全能力成熟度模型》（Data Security Maturity Model，DSMM）等正式发布实施。工业和信息化部委托电子信息行业联合会开展DCMM 标准试用工作，积极推进 DCMM 标准贯标评估，同时组织开展工业数据分类分级试点工作，推进《工业数据分类分级指南（试行）》实施。全国信息安全标准化技术委员会（SAC/TC260）组织了 DSMM 标准试用工作，积极推进DSMM 标准贯标。2020 年 4 月，工业和信息化部发布了《网络数据安全标准体系建设指南》（征求意见稿），提出到 2021年，初步建立网络数据安全标准体系，进一步落实网络数据安全管理要求。

3. 安全管理能力不断提升

依托工业互联网创新发展工程等项目，"产、学、研、用"各方纷纷合作提升工业互联网数据安全相关技术能力。我国不断加大工业数据安全技术研究投入，管理能力得到有效提升。依托工业互联网创新发展工程等项目，我国支持一批工业数据安全项目，引导工业企业、平台企业和研究机构加大数据安全投入，建设工业互联网数据安全监测与防护平台等公共服务平台，形成跨境分析、风险预警、威胁溯源、路径跟踪、防护处置、安全评估等技术与服务能力。依托工业互联网安全试点示范等工作，我国督促相关企业落实数据安全主体责任，指导企业加大安全投入，加大安全防护和检测处置手段的建设，开展、提升安全防护能力。我国积极发挥相关产业联盟的引导作用，整合行业资源，提供安全运维、安全咨询等服务，提升行业整体安全保障服务能力。

三、工业数据安全管理思路

1. 建立健全工业数据安全顶层设计

我国加快制订政策法规和标准指南，不断完善数据安全管理体系，进一步强化顶层设计。一是依据《中华人民共和国网络安全法》《中华人民共和国数据安全法》等，制订工业领域的数据安全指导意见和数据安全管理办法等政策法规，建立工业数据安全风险报送和通报机制，完善数据安全管理体系。二是重点研究新一代信息技术与工业生产活动融合产生的安全保障需求，适时发布与工业互联网、工业云、工业大数据等领域相关的数据安全管理指导性政策文件。三是健全工业数据安全责任制度，完善风险通报等安全指导和管理制度，大力推进工

业数据分类分级工作;加强标准体系建设研究,推动编制《网络数据安全标准体系建设指南》,围绕评估、监测、预警、响应、处置等需求,不断完善工业领域的数据安全标准体系。

2. 督促落实工业数据安全主体责任

"安全为重,责任为先",工业数据安全保障需要工业企业切实肩负起安全主体责任。一是深入学习贯彻《国务院关于深化"互联网 + 先进制造业"发展工业互联网的指导意见》《工业控制系统信息安全行动计划(2018—2020 年)》《工业控制系统信息安全防护指南》等政策文件,依据政策文件要求指导企业开展工业信息安全防护工作;二是建立"以查促建、以查促改、以查促防"的常态化工作机制,在全国范围内组织开展工业管控安全检查评估工作,将工业数据分类分级工作纳入其中;三是强化工业数据安全意识和开展基本技能培训,推动开展工业数据安全意识培训、事件演练、技能竞赛等活动,全面深入贯彻落实工业信息安全责任制,切实加强工业企业数据安全意识和责任义务。

3. 着力加强工业数据安全保障能力

支持数据安全研究机构,不断强化覆盖工业生产全生命周期的态势感知、仿真演练、应急响应、信息共享与通报以及综合保障等能力。一是深化态势感知能力,建设工业数据安全态势感知监测网络，通过情报收集、主动监测、被动诱捕等技术手段，实现全天候、全方位态势感知；二是增强仿真演练能力，建设工业数据安全靶场、仿真测试等共性技术平台，研发工业数据安全防护技术工具集，加强数据安全共享、安全交换等关键技术攻关力度；三是提升应急响应能力，支持建设应急资源库，实现信息采集、辅助决策、预案演练等功能；四是加强信息共享与通报能力，建设工业数据安全信息通报预警平台，及时发布风险预警信息，跟踪风险防范工作进展，形成快速高效、各方联动的信息通报预警体系；五是建设工业数据安全综合保障网络，指导地方/行业技术支撑机构、重点工业企业建设区域级/行业级的工业数据安全保障分平台或防护分平台，实现与国家级保障平台的信息交互共享，提升防范风险隐患的群防共治能力。

用数篇
挖掘数据价值

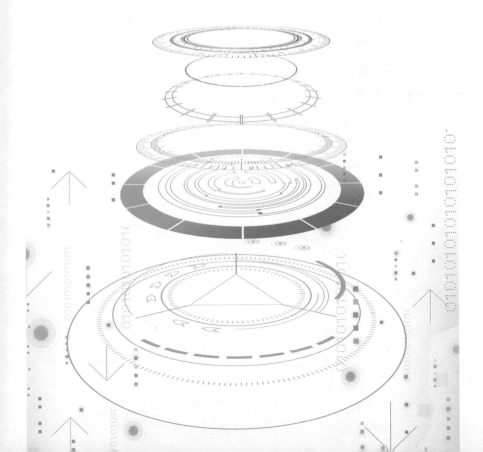

> 伴随新一代信息技术迅猛发展，数据正成为新的生产要素，支撑着制造资源的泛在连接、弹性供给和高效配置，加快制造业生产方式和企业形态的根本性变革。在数据驱动下，企业生产制造全过程、全产业链、全价值链都发生了巨大的变化，生产方式加快向智能化转变，管理模式加快向自组织拓展，商业模式加快向服务化延伸。

第八章

数据赋能：生产方式变革

生产要素数据化

随着第四次工业革命的深入展开，全球很多国家和领军企业向工业大数据聚力发力，积极发展数据驱动的新型工业发展模式。党中央、国务院高度重视大数据的发展，强调推动大数据在工业发展中的应用。《促进大数据发展行动纲要》《国务院关于深化"互联网＋先进制造业"发展工业互联网的指导意见》等政策文件均提出要促进工业大数据的发展和应用。要"构建以数据为关键要素的数字经济""系统推进工业互联网基础设施和数据资源管理体系建设，发挥数据的基础资源作用和创新引擎作用"。

近年来，随着工业互联网的创新发展，工业大数据的应用迈出了从理念研究走向落地实施的关键步伐，在需求分析、流

程优化、预测运维、能源管理等环节，数据驱动的工业新模式、新业态不断涌现。

一、数据成为关键生产要素

在经济学中，生产要素又被称为生产输入，是人们用来生产商品和劳务所必备的基本资源，主要包括土地、劳动、资本、企业家才能、数据等。生产要素促进生产，但不会成为产品和劳务的一部分，也不会因生产过程而发生显著变化。

生产要素是一个历史范畴，随着经济社会的发展而不断演进。在不同的经济形态下，它有着不同的构成元素和不同的作用机理。新生产要素的形成，会驱动人类社会迈向更高的发展阶段。在长达数千年的农业经济时代，经济发展的决定因素是土地和劳动。18 世纪 60 年代，以蒸汽机的改良为标志，工业革命在英国发生。工业革命是以机器取代人力、以大规模工厂化生产取代个体工厂手工化生产的一场技术革命，人类社会从此进入了工业时代。"机械化"是工业革命的基本特征，机器设备等资本成为决定经济发展的第一生产要素。19 世纪下半叶，以"电气

> 这里经济学家们所指的资本是机器设备、工具、厂房等资本品（Capital Goods），而非金融资本。

化"为基本特征的第二次工业革命在德、美两国率先发生。随着社会化大生产模式的发展，资本的作用得到了进一步的

强化。同时，资本所有权与经营权日益分离，企业家从劳动大军中脱颖而出，成为新的群体，即"经理革命"。企业家才能开始成为独立的生产要素。从20世纪90年代开始，数字技术蓬勃发展，数字革命方兴未艾，数字技术和人类生产生活以前所未有的广度和深度交会融合，全球数据呈爆发增长、海量聚集的特点。数据的充分挖掘和有效利用，优化了资源配置和使用效率，改变了人们的生产、生活和消费模式，提高了全要素生产率，推动了诸多重大而深刻的变革，对经济发展、社会生活和国家治理产生了越来越重要的作用。数据日益成为重要战略资源和新生产要素。2017年，中共中央政治局第二次集体学习提出："要构建以数据为关键要素的数字经济。"党的十九届四中全会首次提出将数据作为生产要素参与分配。2020年3月，中共中央 国务院《关于构建更加完善的要素市场化配置体制机制的意见》发布，明确提出：将数据作为与土地、劳动力、资本、技术并列的生产要素，要求"加快培育数据要素市场"。

数据生产要素涉及数据生产、采集、存储、加工、分析、服务等多个环节，是驱动数字经济发展的"助燃剂"，对创造价值和发展生产力有着广泛的影响，推动人类社会迈向一个网络化连接、数据化描述、融合化发展的数字经济新时代。不同经济发展阶段的生产要素构成见表8-1。

表 8-1　不同经济发展阶段的生产要素构成

历史阶段		生产要素	代表人物 / 事件
农业经济时代		土地、劳动	威廉·配第、庞巴维克
工业经济时代	第一次工业革命	土地、劳动、资本	亚当·斯密、萨伊、约翰·穆勒
	第二次工业革命	土地、劳动、资本、企业家才能	马歇尔
数字经济时代		土地、劳动、资本、企业家才能、数据	中共十九届四中全会，中共中央 国务院《关于构建更加完善的要素市场化配置体制机制的意见》

二、数据要素的创新价值

作为人类第一次自己创造的生产资料，数据一直伴随着工业的现代化进程，直至迈入智能化阶段。

1. 数据始终影响着人类工业化进程

高质量、科学管理是工业企业走向现代化的前提。数据对提高质量、效率、管理的作用巨大，始终影响着人类工业化进程。从数据的发展历史来看，数据是由数、量演变而来的，数据具有先天的精确性和实用性特征，计算方法与信息技术的应用必然导致大数据的诞生。

2. 数据在信息化过程中发挥着核心作用

随着工业进入信息化时代，数据成为工业系统运行的核心要素，追求的目标是把正确的数据在正确的时间，以正确的形式传送给正确的人。世界工业不断发展的过程，本质上是数据作用逐渐加强的过程，数据在工业生产力不断提升的过程中发挥着核心作用。

以自动化和信息化为代表的第三次工业革命开始以来，工业不断发展的过程也是数据传输和处理效率不断提高、数据质量不断提升、不确定性因素的应对能力不断加强的过程。通过建立包括产品定义数据、工艺数据、生产过程数据、在线监测数据、使用过程数据等在内的产品全生命周期数据治理体系，可以有效追溯质量问题的产生原因，并持续加强生产过程的质量保障能力。通过关联企业内外部多数据源的数据分析，可以发现复杂品质问题的根本原因。

3. 工业大数据是新工业革命的基础动力

信息技术特别是互联网技术正在给传统工业发展方式带来颠覆性、革命性的影响。世界正加速进入一个互联互通的时代，互联网对工业的影响越来越深刻，并成为引发新一轮工业革命的导火索。互联网技术全面深入发展，极大加深了人与人互联、机器与机器互联、人与机器互联的程度。随着 5G、量子通信等新一代通信技术的发展，世界将加速进入一个完全互联互通的状态。工业互联网也将随着机器数字化、工业网络的泛在化、云计算能力提高而取得长足进步，海量工业大数据的产生将是必然结果，而基于工业大数据的创新是新工业革命的主要推动力。

美国通用电气公司指出，工业互联网实现的三大要素是智能联网的机器、人与机器的协同工作以及先进的数据分析能力。工业互联网的核心是通过智能联网的机器感知机器本身状况、周边环境以及用户操作行为，并通过对这些数据的深入分析来提供诸如资产性能优化等制造服务。没有数据，新工业革命就是无源之水。工业互联网所形成的产业和应用生态是新工业革命与工业智能化发展的关键综合信息基础设施。工业互联网的本质是以机器、原材料、控制系统、信息系统、产品以及人之间的网络互联为基础，通过对工业数据的全面深度感知、实时传输交换、快速计算处理和高级建模分析，实现智能控制、运营优化和生产组织方式的变革。

三、加速数据要素价值化进程

加速数据要素价值化进程是推进实体经济数字化转型发展数字经济的重点。

1. 从宏观视角推进数据要素市场化

从宏观视角看，关键是推进数据采集、标注、存储、传输、管理、应用等全生命周期的价值管理，打破不同主体之间的数据壁垒，实现传感、控制、管理、运营等多源数据一体化集成；构建不同主体的数据采集、共享机制，推动落实不同领域的数据标注与管理应用；建设国家数据采集标注平台和数据资源平台，实现数据要素分级、分类管理；加快完善数字经济市场体系，推动形成数据要素市场。

2. 从微观视角推进数据要素场景化应用

从微观视角看，要加强企业数字化改造，引导实体经济企业加快生产装备的数字化升级，深化生产制造、经营管理、市场服务等环节的数字化应用，加速业务数据集成共享。例如，面向钢铁、石化、机械、电子信息等重点行业，制订数字化转型路线图，形成可复制、可推广的行业数字化转型系统解决方案；与此同时，要引导企业依托工业互联网平台打通消费与生产、供应与制造、产品与服务之间的数据流和业务流，并大力发展平台经济、共享经济、产业链金融等新业态。

3. 从创新视角探索数据要素的价值创造模式

在一个"数据＋算法"定义的世界里，以数据的自动流动化解复杂系统的不确定性，优化资源的配置效率，这就是数据创造价值的基本逻辑。在这个基本逻辑框架下，要充分利用数据要素创造价值的 3 种模式来实现业务创新。这 3 种模式分别是资源优化（优化传统要素的资源配置效率）、投入替代（替代传统要素的投入和功能）、价值倍增（提升传统单一要素的生产效率）。

一是资源优化。数据要素不仅带来了劳动、资本、技术等

单一要素的倍增效应，更重要的是提高了劳动、资本、技术、土地这些传统要素之间的资源配置效率，提高两两之间的资源配置优化效率才是数据要素真正的价值所在。

二是投入替代。移动支付会替代传统 ATM 机和营业场所，电子商务减少了传统商业基础设施的大规模投入，政务"最多跑一次"政策减少了人力和资源的消耗，数据要素用更少的投入创造了更多的价值。

三是价值倍增。数据要素能够提高传统单一要素的生产效率，数据要素融入劳动、资本、技术等每个单一要素，传统单一要素的价值倍增。

数据要素创造价值的不是数据本身，数据只有跟基于商业实践的算法、模型聚合在一起的时候才能创造价值。我们需要连接物理和虚拟两大空间，打通状态感知、实时分析、科学决策、精准执行等环节，解决发生了什么、为什么会发生、接下来会怎样、应该怎么办等问题，突破隐性数据显性化、隐性知识显性化等关键问题，构建"数据—信息—知识—决策"的数据自动流动的闭环，最终实现数据要素创造、创新价值的目标。

生产过程现代化

大数据是提高产品质量和生产效率，降低能耗，转变高耗能、低效率、劳动密集、粗放型生产方式，提升制造智能化水平的必要手段。高度灵活性、高度自动化的智能工厂是国际先进制造业的发展方向，广泛深入的数字化是智能工厂的基础。多维度的信息集成、CPS 的广泛应用与工业大数据的发展相辅相成。通过推进智能制造，可实现去低端产能、去冗余库存、降低制造成本。结合数控机床、工业机器人等自动生产设备的使用，建立从经营到生产系统贯通融合的数据流，做到数据全打通和数据流通不落地，提升企业的整体生产效率，降低劳动力投入，有效管理并优化各种资源的流转与消耗。通过对设备和工厂进行智能化升级，加强对生产制造全过程的自动化、智能化控制，促进信息共享、系统整合和业务协同，实现制造过程的科学决策，最大限度地实现生产流程的自动化、个性化、柔性化和智能优化，进一步提高精准制造、高端制造、敏捷制造的能力。

同时，大数据也是提升产品质量的有效手段。通过建立包括产品生产过程工艺数据、在线监测数据、使用过程数据等在内的产品全生命周期质量数据体系，有效追溯产生质量问题的原因，并持续提高生产过程的质量保障能力。通过关联企业内外部多数据源的大数据分析，挖掘并发现复杂品质问题的根本原因。

工业大数据在驱动制造升级的过程中，可应用于优化现有业务，在现有组织、流程保持不变的前提下，把各个部门和岗位的工作做得更好，进而促进整个企业提质增效降本。

一、研发能力提升

建立针对产品或工艺的数字化模型，用于产品、工艺的设计和优化。模型作为可量化、可计算的知识载体，与大数据技术相结合，可以提供更好的设计工具，缩短产品交付周期，有助于提高企业的知识重用水平，并促进持续优化。例如，波音公司通过大数据技术优化设计模型，将机翼的风洞实验次数从 2005 年的 11 次缩减至 2014 年的 1 次；玛莎拉蒂公司通过数字化工具加速产品设计，开发效率提高 30%。

二、生产过程优化

通过分析产品质量、成本、能耗、效率、成材率等关键指标与工艺、设备参数之间的关系，优化产品和工艺设计。以实际的生产数据为基础，建立生产过程的仿真模型，优化生产流程。根据客户订单、生产线、库存、设备等数据预测市场和订单，调整库存和生产计划、排程。

三、服务快速反应

通过设备的智能化，可以利用互联网获取用户的实时工况数据。当用户设备出现问题或异常时，设备智能化可以帮助用户更快地发现问题、找到问题的原因。通过数据分析，构建基于规则或案例的故障预测系统，可对用户设备状态进行预测，帮助用户更好地维护设备。

四、推动精准营销

利用工业大数据，可以分区域实现对市场波动、宏观经济、气象条件、营销活动、季节周期等多种数据进行融合分析，对产品需求、产品价格等进行定量预测。同时，可以结合当前对产品使用的工况数据，对零部件坏损进行预判，进而对零部件库存进行准确调整。

此外，通过对智能产品和互联网数据的采集，可精准分析用户使用行为、偏好、负面评价等。这有助于对客户群体进行分类画像，在营销策略、渠道选择等环节提高产品的渗透率。更重要的是，企业可以结合用户分群实现产品的个性化设计与精准定位，针对不同的群体，实现从产品设计到完整营销环节的精准化。

案例：山东华滋社会化协同研发模式

山东华滋自动化技术股份有限公司（以下简称"山东华滋"）是从事精密设备研发和生产的专业高科技企业，也是设备和自动化生产线一体化专业解决方案提供商。目前，圆刀机已成为模切行业的先驱。该公司已经形成了设备、技术、配套、服务等一体化系统产业链，可以为客户提供精准、专业的服务。

业务痛点

为了提高产品数据及研发管理过程中信息化管理水平，山东华滋在 2018 年正式采用了用友 PLM 作为产品数据生命周期的管理平台，应用了文档管理、AutoCAD 集成、Solidworks 集成、物料管理、设计 BOM 管理、项目管理等模块，解决了企业内部产品数据管理的困境，实现了边设计边生产的一体化应用。

山东华滋的产品复杂度不仅较高，参与的供应商、外协企业等协作伙伴近百家，而且在产品全生命周期内，特别是研发生产过程中，供应商参与紧密。在研发设计早期，供应商就要参与器件选型和样品提供，但是外部伙伴、供应商却游离于系统之外，他们无法直接实时获取所需的产品数据，无法与山东华滋一起高效协同开展工作。目前，工程师是通过传统的邮件、电话、IM(微信、QQ) 等方式传递产品数据、沟通项目开发情况的，效率比较低，且最大的问题是协作过程难以追溯，无法保证传递数据的准确性和安全性。

为了解决这些问题，企业可以选择为外协企业建设 VPN 专线，购买更多的 PLM 站点。然而这一举措将大幅增加企业的 IT 投入，并非理想的解决方案。

应用模式

综上所述，山东华滋引入了用友 YonBIP 制造云—设计服务，采用"PLM+ 设计服务"的一体化方案，覆盖山东华滋内外相关部门、组织，实现产品数据的全面无缝传递。企业内部业务通过用友 PLM 已有功能进行运转；外部沟通协作则通过用友 PLM 将数据及业务要求通过用友云设计平台进行分发，协作企业可以在公网条件下，通过移动设备、计算机等直接获取分发的数据并给予反馈。设计服务应用架构如图 8-1 所示。

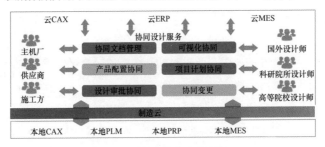

图 8-1　设计服务应用架构

🖥 关键应用

用友 YonBIP 制造云—设计服务可帮助山东华滋在云端连接产业链上的主企业、供应商、施工方以及第三方合作伙伴，架起社会化研发的桥梁，并通过与本地各管理系统和云端各云产品的整合应用，实现研发过程中的产品数据协同和研发项目协同。设计服务功能结构如图 8-2 所示。

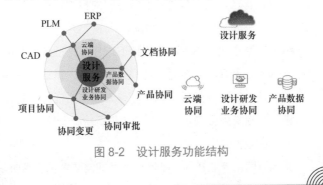

图 8-2　设计服务功能结构

1.云端协同

与 PLM 的协同：实现云端协同，以企业内部的 PLM 系统为后台，云设计服务为前台，实现企业间内部的系统是产品数据和设计研发业务的管控中心，而设计服务提供的是云端的协同、适配、同步服务，可实现企业与产业链上下游企业之间的协同。

与 CAD 的协同：通过对 CAD 文档的轻量化处理，在云端实现在线浏览。

2.产品研发业务协同

产业链协同关系的建立和管理：在产业链上下游企业（主机企业与供应商，供应商与其供应商）之间建立协同关系，并形成协作、数据分享和数据安全的机制是协同能达成的基础。

产品研发项目协同：实践证明项目管理是跨组织协同研发的唯一有效方法。通过云端项目管理和流程管理对设计研发过程中的各个阶段、各个活动进行控制，从而实现新产品研发过程的全面控制，规范企业的业务规则，这是企业提升管理水平的根本所在。针对企业的实际情况，建立工作流程管理，这也是建立业务协同的机制，在约定的流程管理下完成多组织的协同研发。

山东华滋在 PLM 中的项目管理下对任务进行分解并通过设计服务在云端分发给研发协同的供应商、第三方协同研发的伙伴。协作方通过设计服务在云端提交任务并将设计成果一起提交到山东华滋的 PLM 中进行统一管控。

3.产品数据协同

文档协同：产业链的上下游企业之间需要数据交互时，

可通过设计服务实现在产业链上建立协作关系，文件在多组织间协同往来、浏览与圈阅、查询、归档以及发放，并实现文件的全过程跟踪，保证产品文件的一致性、有效性。

产品结构与配置：以 BOM 为核心，在统一的数据支撑下，实现物料和 BOM 零部件的分发，并按产品零部件对数据进行成套归集与分发。

4. 产品数据协同

在设计服务不存放文件数据时，可按照组织已有的管理模式进行保护。云端只处理适配、协同与同步。在设计服务隔离内部系统与协作方的同时又建立链接，保证数据安全的同时实现研发的社会化协同。

 应用价值

目前，山东华滋已将 56 家外协企业纳入了用友 YonBIP 制造云—设计服务，在云端构建起产品协同研发与制造的模式。

设计云 + PLM 一体化使山东华滋可以在 PLM 中实现一键发放，将文档、物料通过用友制造云—设计服务发放到关联企业、组织。外部单位不需要登录 PLM，不占用 PLM 站点，不需要架设 VPN 专线。通过浏览器即可获取下发数据，简单高效。

用友 YonBIP 制造云—设计服务不存储 PLM 端推送的文件，仅存储文档链接信息，并且由于 PLM 对下发文档的权限控制以及有效期设定，可同时将外部人员的工作纳入内部 PLM 系统中进行监控、考核，实时发现任务风险，并进行管控，从而最大限度地保证企业数据的安全。

生产模式网络化

工业大数据是制造业实现从要素驱动向创新驱动转型的关键资源与重要的技术手段。大数据可以帮助企业更全面、深入、及时地了解市场、用户和竞争态势的变化，以推出更有竞争力的产品和服务。对于新产品的研发，大数据不仅可以支持企业内部的有效协同、知识重用，还可以采用众包众智等手段利用企业外部资源。这些做法不仅能够提高研发质量，还能大幅缩短研发周期。

与此同时，工业大数据也是实现工业企业从制造向服务转型的关键支撑技术。通过产品的智能化可以感知产品的工作状况、周边环境、用户操作的变化。在此基础上，智能化产品可以提供在线健康检测、故障诊断预警等服务，以及支持在线租用、按使用付费等新的服务模型。对产品的实时工况数据、环境数据、过往故障数据、维修记录、零部件供应商数据进行整合，可以快速预判、实时掌握设备的运转状况，减少设备停机时间，削减现场服务人员；还可以准确判断出现故障的潜在类型和原因，快速制订现场解决方案，缩短服务时间，提升服务效率。

随着工业互联网的深入发展，数据集成从企业内部发展到企业之间。业务应用也随之拓展到终端用户、全产业链和制造服务等场景。这种变化可能会引发企业业务定位、盈利模式的重大改变，甚至会驱动核心业务的转型。工业和信息化部发布的《工业互联网体系架构》中总结的四类工业智能化典型应用场景：个性化定制、智能化生产、网络化协同、服务化延伸，正好印证了这一观点。

一、个性化定制

应用工业互联网和大数据技术可有效促进产品研发设计的数字化、透明化和智能化。数字化可提升效率，透明化可提高管理水平，智能化可降低失误。通过对互联网上的用户反馈、评论信息进行收集、分析和挖掘，可发现用户深层次的个性化需求。建设和完善研发设计知识库，可促进数字化图纸、标准零部件库等设计数据在企业内部的知识重用和创新协同，并提升企业内部的研发资源统筹管理和产业链协同设计能力。通过采集客户个性化需求数据、工业企业生产数据、外部环境数据等信息，可建立个性化产品模型，将产品方案、物料清单、工艺方案通过制造执行系统快速传递给生产现场，进行设备调整、原材料准备，实现单件小批量的柔性化生产。

二、智能化生产

生产过程的智能化是智能制造的重要组成部分。要推进生产过程的智能化，需要对设备、车间、工厂进行全面的数字化

改造，以下 4 点需特别重视。

1. 数据驱动

定制化（小批量生产，个性化单件定制）带来的是对生产过程的高度柔性化的要求，而混线生产也成为未来工业生产的一个基本要求。于是，产品信息的数字化、生产过程的数字化成为一个必然前提。为此，需要为产品相关的零部件与原材料在赛博空间中建立相对应的数字虚实映射，并根据订单与生产工艺信息，通过生产管理系统与供应链和物流系统衔接，驱动相应物料按照生产计划（自动的）流动。在满足混料生产情况下物料流动的及时性与准确性要求，可满足生产需要。

2. 虚实映射

当个性化或混线生产时，每个产品的加工方式可能是不一样的。当加工过程中的物料按计划到达特定工位时，相应工序的加工工艺和参数（包括工艺要求、作业指导书，以及三维图纸的信息等）必须随着物料的到达及时准确地传递到相应的工位，以指导工人进行相应的操作。在更进一步的情况下，通过CPS，生产管理系统将根据这些信息控制智能化生产设备进行自动加工。为此，必须实现数据的端到端集成，将用户需求与加工制造过程及其参数对应起来。同时，通过工业物联网自动采集生产过程和被加工物料的实时状态，反馈到赛博空间，驱使相关数字发生对应的变化，实现虚实世界的精准映射与变化。

3. 实时监控

生产过程和设备状态必须受到严格的监控。当被加工的物料与生产过程中的设备信息在赛博空间实现了精准映射，便可以实现对生产过程或产品质量的实时监控。当发现生产过程中出现设备质量等问题时，可以通过人或者系统进行及时处理。对于无人化、少人化车间，还可以通过网络化智能系统做到远程监控或移动监控。而要做到这一点，实现生产全流程的纵向集成，便成为必要的前提条件。

4. 质量追溯

从订单到生产计划，到产品设计数据，再到完整的供应链与生产过程，完整的数据将为生产质量的追溯提供必要的数据保证。信息化系统可以提供订单、供应链与生产计划的完整数据，工业物联网实现了设备、产品与质量数据的采集与存储。这些数据除了保证生产过程的顺利进行，也为未来生产过程的追溯与重现提供了数据基础。为了保证产品质量的持续改进，需要实现从订单到成品的端到端系统的完整信息集成，对生产过程中的人、机、料、法、环等因素进行准确记录，并与具体订单及相关产品对应，这些是实现完整质量追溯的前提。而系统数据的整合与互联互通，以及不同系统之间数据的映射与匹

配是实现这个目标的关键所在。

在此基础上，如果能够推进设备的智能化、不断消除"哑"设备，通过对积累沉淀的工业大数据进行深入挖掘，不断推进设备与生产控制过程的持续优化，做到设备的自诊断、预测性维护，那么对提高设备运行效率、降低维修维护成本、提高产品质量都有着重大意义。

三、网络化协同

工业互联网引发制造业的产业链分工细化，参与企业需要根据自身优劣势对业务进行重新取舍。基于工业大数据，驱动制造全生命周期（从设计、制造到交付、服务、回收）各个环节的智能化升级，推动制造全产业链智能协同，优化生产要素配置和资源利用，消除低效中间环节，整体提升制造业的发展水平和世界竞争力。基于设计资源的社会化共享和参与，企业能够立足自身研发需求开展众创、众包等研发新模式，提升企业利用社会化创新、资金、资源能力。基于统一的设计平台与制造资源信息平台，产业链上下游企业可以实现多站点协同、多任务并行，加速新产品协同研发过程。对产品供应链的大数据进行分析将带来仓储、配送、销售效率的大幅提升和成本的大幅下降。

四、服务化延伸

在工业互联网背景下，以大量行业、用户或业务数据为核心资源，以获取数据为主要竞争手段，以经营数据为核心业务，以各种数据资源的变现为盈利模式，可有力推动企业服务化转型。首先要对产品进行智能化升级，使产品具有感知自身位置、状态的能力，并能够通过通信配合智能服务，消除"哑"产品。基于历史数据的基础上，企业通过监控实时工况数据与环境数据进行整合分析，可实时提供设备的健康状况评估、故障预警和诊断、维修决策等服务。通过金融、地理、环境等"跨界"数据与产业链数据的融合，可创造新的商业价值。例如，企业获取和分析大量的用户数据和交易数据可识别用户需求，提供定制化交易服务；建立信用体系，提供高效定制化的金融服务；优化物流体系，提供高效和低成本的加工配送服务；通过与金融服务平台结合实现既有技术的产业化转化，探索新的技术创新模式和途径。

案例：临工集团探索大规模个性化定制

临工集团始建于1972年，是中国工程机械核心制造企业、中国工程机械行业四大集团之一；临工集团济南重机有限公司（以下简称"临工重机"）是临工集团的全资子公司，主要聚焦四大产业领域：矿用车及矿山运输辅助设备、钻机及井下装运设备、高空作业机械、关键零部件，目前已形成四大类、12个系列、30多个品种。

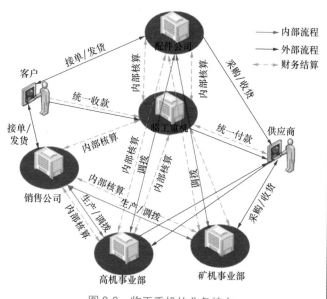

📊 业务痛点

　　临工重机是典型的按单制造（Make-To-Order，MTO）类企业，需要根据客户订单的个性化需求进行大规模定制化生产：销售环节，按单销售、按单选配，需要根据客户的个性化需求进行个性化定制；生产环节，按单制造、按单跟踪、按单变更；采购环节，以集中采购为主，需与供应商协同，进行 VMI 管理；财务环节，业务财务一体化，需实现单车成本核算。临工重机的业务特点如图 8-3 所示。

图 8-3　临工重机的业务特点

　　临工重机原有的信息化系统已使用多年，面对新形势下的大规模定制捉襟见肘，难以满足客户个性化定制需求，不能继续支撑临工重机的快速发展，已经成为制约公司高速发展的瓶颈，主要表现在以下几个方面。

一是信息孤岛严重，定制选配困难。LDP 营销管理、思普 PLM、ERP3 套 IT 系统相互脱节，没有集成，不能实现销售、设计、制造一体化，没有超级 BOM，无法进行个性化选配，仅是改变生产订单备料，效率低下，严重影响产品的准时交付，订单履约率不高，市场竞争力受限。同时，原有的信息化系统为实现利润中心管理，建立了 3 个账套，但 3 个账套之间信息不能共享、数据不能统一、业务不能协同，效率较低，不能快速适应市场变化和客户个性化定制需求。

二是难以有效跟踪，定制变更困难。原有的信息化系统不支持单台计划、单台备料、单台配送，因此不能单台跟踪，也不能进行单台变更，不同台套经常搞混，这给生产带来了较大困扰，不能有效满足客户定制化生产需求。

三是业务财务脱节，财务核算困难。原有的信息化系统业务、财务脱节，不能实现财务业务一体化，成本核算困难，不能核算到单台成本，难以给客户提供低成本、高质量的定制化产品和服务；也难以支持多个事业部之间的内部交易与核算，不能满足企业精细化管理和考核的需要。

 应用模式

临工重机借助用友 YonBIP——精智工业互联网平台作为管理信息化升级的统一平台，利用数字化手段，开启了大规模个性化定制、数字化转型的新征程。临工重机的数

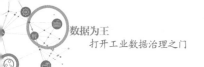

字化平台如图 8-4 所示。

　　个性化定制、准时化交付、精益化生产、智能化制造。以客户为中心，以市场为导向，快速捕捉到客户的个性化需求，实现销售、设计、制造一体化，对产品销售、设计、计划、生产、物资采购进行全面管理，及时掌控计划的执行状态，提高计划的精准度，提高订单的履约率，降低库存积压。

图 8-4　临工重机的数字化平台

　　一体化平台。全面整合，打造企业数字化平台，搭建统一、高度集成的数字化应用平台，建立统一的业务流程，整合业务数据，提高工作效率，提升公司整体的管理水平和核心竞争力。

　　标准化数据。实现集团化基础数据统一管理，基础数据标准化，数据应用规范化，降低管理成本，提高工作效率。

　　财务业务一体化、单台成本核算、阿米巴考核。打通跨核算组织的财务和业务的信息通道，业务信息及时反馈给财务，实现单台成本核算，降低产品成本，精细成本核算，实现利润中心（经营体）责任核算的阿米巴管理要求，真正实现业务驱动财务、财务监控业务的高效应用。

 关键要素

根据临工重机的信息化总体规划蓝图，以用友YonBIP——精智工业互联网平台为依托，通过与临工集团总部的 LDP 营销管理系统、第三方思普 PLM 系统的无缝集成，初步实现了根据客户定制化需求进行个性化生产、准时化交付的数字化转型。总体应用流程如图 8-5 所示。

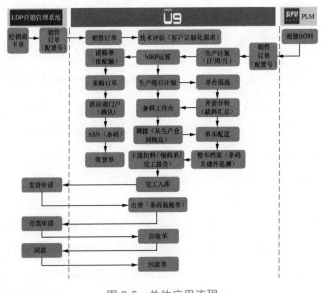

图 8-5　总体应用流程

搭建超级 BOM、设计制造一体化。与思普 PLM 系统无缝集成，规范、及时、准确、高效，通过思普 PLM 系统搭

建超级 BOM，BOM 结构化、模块化，并与 U9 ERP 系统无缝集成，形成 U9 的超级 BOM，可根据客户订单的个性化需求进行快速选配，满足客户的定制化需求；当思普的物料和超级 BOM 发生变更时，可同步更新 ERP 系统的物料和超级 BOM。同时，临工重机的研发设计管理也提升了研发速度，使可靠性试验周期大大缩短，使产品定制化成为可能。

准确快速地响应客户个性化需求。与 LDP 营销管理系统无缝集成，高效、方便，实现了营销、服务、生产、财务的无缝对接和实时协同；经销商根据客户的个性化要求在临工集团总部的 LDP 营销系统下单，形成 LDP 销售订单，并生成配置号，再生成 ERP 的销售订单，技术中心根据客户的定制化要求进行技术评估。

参数化选配、个性化定制。根据 LDP 营销管理系统生成的 U9 销售订单和思普 PLM 传递到 ERP 系统的超级 BOM，按客户个性化要求进行选配，快速、简单、高效，效率可提高 30% 以上！

柔性化生产、准时化交付。大规模定制的极端情况是每种产品的批量为"1"，临工重机把大规模定制做到了极致，实现了单台管理：根据销售订单参数化选配结果，通过 MRP 运算，生成生产线日计划，拆分成单台，可有效进行跟踪和 ECN 变更，通过齐套分析及时掌握缺件情况，确保装配需求，提高订单履约率。根据选配结果，组织生产，进行单台计划、单台备料、单台变更，管理更精细；实行单车配送、准时化生产、关键件追溯，确保订单交期和质量。

全程条码管理。从原材料到零部件再到成品，全程高效、快捷、准确地实现条码管理，工作效率提高 30% 以上，也实现了质量的可追溯，为客户提供高质量的定制化产品和服务。

实现与供应商三大网上协同。通过供应商门户，与供应商在计划、供货 / 收货、对账 3 个方面进行了有效协同，快捷、方便、实时，及时保障了采购件的供应，保证了定制产品的齐套和生产装配的需求。

单台成本核算、阿米巴考核。通过单台管理、单台配送，实现了单台成本核算，并通过阿米巴考核进行了经营的精细化管控，为给客户提供低成本、高质量的定制化产品和服务打下了坚实的基础，也使临工重机进行大规模定制成为可能。

精益化生产、智能化制造。为了做好大规模定制，临工重机在精益方面做出了很多尝试和努力：以人岗匹配为基础，以财务管控为中心，以战略落地为根本，以精益企业为目标，通过精益生产、精益研发、精益管理，打造精益企业，为大规模定制打下了坚实的基础！

应用价值

临工重机的新系统上线运行一年多，有力推动了企业的数字化转型，取得了明显效果，提高了企业快速响应市场的能力和核心竞争力，使企业走上了高速发展的轨道。

案例：双良节能服务型制造转型

双良节能系统股份有限公司（以下简称"双良节能"）成立于1982年，地处经济繁荣的长江三角洲，30多年来，双良节能专注于"节能、节水、环保"领域的技术创新和业务拓展。双良节能在全球50多个国家和地区建立了完善的营销服务体系，已为超过30000家客户提供了卓越的产品和全生命周期的服务支持。

📊 **痛点分析**

双良节能是从事设备研发、设计、制造及售后服务的大型企业集团，是装备制造行业的典型代表。近年来，双良节能整体业务态势飞速增长，各项事业也得到了蓬勃的发展，各类设计及制造项目的依次开展积累了更多的客户资源。因此，构建一套行之有效的售后服务体系将成为双良节能实现转型升级、占据更大市场主导地位的有效驱动力。

于是，双良节能从全面提升客户满意度的运营理念入手，开始思考借助物联网、互联网以及信息化工具，构建支撑企业售后服务运营，承载双良节能管理层、客户方以及服务工程师之间信息交互的服务平台。双良节能希望利用服务平台实现对交付产品的过程质量、进度控制、客服体验过程的满意控制；实现企业与客户方的有效信息交互，实现客户需求的实时有效挖掘、及时响应，努力提升客户满意度；及时发现客户的问题并针对相关问题在第一时间响应；承载客户方设备的全生命周期管理，以便实现预测性维修和主动性维护；对客户方提供技术支持的人员进行管理，包括规划、培训、质量评价等。

应用模式

双良节能借助用友资产云着力建设服务转型平台，本着"以客户为中心，全面提升客户满意度，同步优化提升管理效率"的原则和理念，全面围绕着双良节能现有的售后服务业务活动以及集团总部对各级人员的考核规定，实现利用先进的信息化技术对现有售后服务运营业务的有效支撑。双良节能服务转型平台如图 8-6 所示。

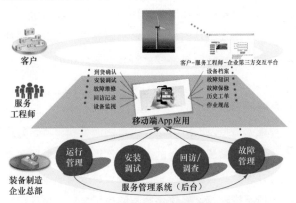

图 8-6　双良节能服务转型平台

以该平台为依托，双良节能全面整合设备远程监控平台、移动应用平台等互联网应用，全面承载及构建企业与客户之间的协同通路，实时获取双良节能产品在客户方的运行状态、运行数据，并依托实时运行监控、轻量化故障报修等形式，实时采集设备故障信息，为各类设备客户提供更加有效率的远程诊断并提供及时的上门维修服务。同时，此平台可支撑对客户维修服务的全程数据承载，包含派单、维修过程跟踪、维修备件耗用、维修结算等业务环节，实现服务体系的闭环管理。

⊡ 关键要素

系统平台固化售后服务全过程管理，包括产品到货安装、调试前巡查、设备安装调试、设备验收、客户回访、定期巡查、维保过程管理、维修过程管理、备件销售等；通过移动应用技术以及设备互联技术，对各类装备产品进行远程实时监控，设备发生故障可及时发现、及时登记、及时处理，总部与现场服务工程师以系统为纽带进行数据交互和业务协同，从而保障业务顺畅处理；满足不同部门的业务需求，打通服务经营与财务之间的协同，全面覆盖各类维修成本的核算、维保合同应收等业务。

系统平台支撑总部对一线工作人员的行为监控及考核，管理人员可及时进行工作人员的调度和派工，并通过可视化方式监督工作人员的日常工作情况；承载对各类数据的统计分析，包括人员工作量统计、故障统计、维保合同执行情况统计等。轻量化数据编辑平台可与售后服务管理系统实时同步数据，将客户的主动反馈纳入系统设计架构中，构建与客户实时沟通的桥梁。

双良综合服务监控平台集成了友空间、ESM（企业服务管理）系统、400呼叫中心、云平台等现有系统。集成的ESM系统、设备运行实时监控平台（SL-Remote）、双良综合服务监控平台，实现了对售出产品的在线状态监测和异常预警。集成的 ESM 系统、400 呼叫中心系统、双良综合服务监控平台接受来自第三方的服务请求，并可以及时响应。

 应用价值

用户黏性：对售出的产品（客户设备资产）进行全面监测、诊断、维保，提升经营附加值和客户黏性。

及时响应：监督服务人员的服务响应和服务质量，客户可进行直接评价。

专业知识：对客户进行管理输出，包括专家会诊、维保知识、检测设备运行数据等。

提升品质：通过对产品运行和未报数据进行检测、分析，有针对性地改善后续产品质量，提升市场竞争力。

多方收益：及时应对客户提报的维保需求并提供专家诊断，为企业或服务商带来服务收益，同时给客户带来安全、稳定、可靠的运行设备，减少停产带来的损失。

第九章

数据驱动：经营管理创新

市场营销数字化

如今，我们迎来了全面数字化时代，移动互联网、大数据等新技术得到了深度应用，世界正进入万物互联时代，新商业形态改变了各类经济主体的商业思维和运营模式，也改变了人们的生活方式以及消费习惯。移动化带来的位置数据、物联网数据日趋丰富，同时加上云计算、大数据、人工智能等技术的深度应用，渠道、场景、体验等营销相关要素正在以智能化为核心进行自我优化和变革。

一、数据驱动下营销环境变化

1. 连接：万物互联，实时在线，交易随时发生

信息技术蓬勃发展，移动互联网、物联网、大数据等先进技术应用不断深入，世界正进入万物互联时代。如今，人与人、机器与机器、人与机器、人与组织、客户与企业、不同企业或组织之间的信息都是连接的，而且这种连接是智能的、实时的。

与此同时，客户的信息获取习惯以及购买决策习惯也发生了质的变化，个性化、碎片化、即时化、移动化、社交化的特征明显。客户会随时随地进行场景触发式购物，例如，当看到视频里中意的服装、零食，或者在朋友圈得知新的美妆商品时，瞬间就会触发购物欲望，并通过移动设备即时发生购买行为。

2. 社交：新媒体，新社交，客户主权时代来临

移动互联网与物联网高速发展，客户与商品、客户与客户、客户与信息会通过微博、微信等网络社交媒体实时连接，即时互动，这打破了客户与企业之间信息不对称的格局，客户的消费行为不再受企业控制，而是更相信社交圈的好友、同事、同行、专家、网友提供的各种消费建议。我们每个人都能通过网络与未曾谋面的个体进行交流，形成消费社群，分享自己的消费主张。

与此同时，"众筹购物，定制消费"打破了生产商、品牌商、零售商与客户之间的边界，客户正在向"生产客户"转变，成为消费行为的创造者，成为企业产品设计与研发，乃至定价决策的主动参与者。生产商、品牌商、零售商的权威与控制权

正在逐步消失，与此同时，客户的主权意识日益崛起，消费民主、消费平等和消费自由正在成为新时代的消费主张，这标志着以个性化产品定制、场景化购物体验和社交化购物分享为主要特征的客户主权时代的来临。

3. 数据：消费行为数据化，企业决策数字化

在万物互联时代，所有客户的消费行为都可以被记录并跟踪。除了姓名、年龄、职业、收入等基本信息外，客户经常关注的新闻类型、经常光顾的店铺、经常购买的品牌、经常出没的商圈以及日常消费支出，甚至近期关注的商品、近期的行程安排、近期关注的明星、感兴趣的广告等用户属性数据、用户浏览数据、用户点击数据、用户交互数据、用户交易数据这些与消费相关的行为轨迹，都在被大量地采集和记录。这些数据经过共享、整合与挖掘分析后，可以很清晰地描绘出客户画像，深入洞察客户的消费习惯、购买力水平以及购买时机等客户购买决策因素，数据的拥有者将比客户更了解客户自身的消费行为趋势以及消费驱动因素。基于消费行为大数据的客户画像如图 9-1 所示。

如今，越来越多的企业开始构建客户数据平台，聚合客户的消费行为数据，解决内外部多元、复杂的数据问题，并对客户进行全生命周期的数据化管理；借助大数据、人工智能等新技术对海量数据予以深度挖掘，从而科学预测客户的购买行

为，例如，客户要买什么样的商品，愿意支付多少购买成本，倾向于购买何种产品组合，接受怎样的销售模式，倾向于通过哪些媒体获取信息，喜欢在哪些渠道购买产品或服务等。企业可以通

客户数据平台是企业数据整合应用和智能决策的重要工具。其作为企业数据平台，主要聚合来自营销、销售和客服等多渠道的第一方客户数据，并将这些数据整合到统一界面，同时结合多系统、多渠道的第三方营销数据，形成以客户实时行为数据为核心的企业动态化数据资产。

过科学预测的方式，持续优化目标客户画像，动态预测客户需求，构建科学的营销决策模型，实现高质量决策。基于大数据平台的数据分析与决策过程如图9-2所示。

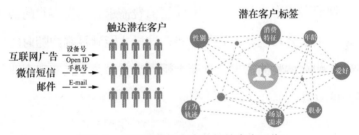

图9-1　基于消费行为大数据的客户画像

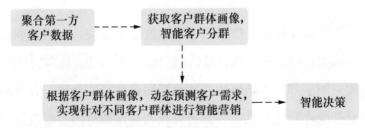

图9-2　基于大数据平台的数据分析与决策过程

4. 体验：体验重塑场景，体验助推交易

如今，互联网赋予了客户新的力量，客户只要动动手指，

就可以"投奔"企业的竞争对手，因此企业必须以客户需求引导企业经营。过去，企业往往侧重于大规模生产和深耕大众市场渠道以求得生存并稳步增长。然而，当代客户的个性化需求愈加强烈，而且更加理性，朝着垂直方向发展。企业必须在线上线下渠道融合的前提下，通过社区、社群等新渠道，将消费新场景搭建到每个目标客户的消费意识中，打造高效便捷且有个性的客户体验。

打造线上线下融合、无所不在、无时不在的全渠道消费场景，需要借助移动互联网、物联网、人工智能等新技术重新整合一切消费要素，挖掘客户的深层消费需求，启发客户的消费想象，带给客户全新的智慧体验，这样才能满足客户随时随地触发式购物体验的需求，从而大幅提高交易效率，实现企业与客户的双赢。

5. 渠道：信息碎片化，渠道多元化，营销沟通个性化

数字经济时代，信息的传播速度愈来愈快，人们获取信息的渠道也逐渐多元化，微信、微博、今日头条、抖音、快手、豆瓣、知乎等各类新媒体裹挟着新闻媒体高速发展。客户面对繁杂的碎片化信息，一方面可以利用零散时间去提高知识水平和扩大信息储备，另一方面还需要花费大量时间来过滤垃圾信息，捕捉高价值信息。对企业而言，一方面是营销信息触达手段变得更加直接、快速、精准，另一方面是营销活

动很可能会被海量信息快速淹没，从而大幅降低营销的沟通效率与效果。

面对新技术以及新商业形态带来的信息获取习惯、购买决策习惯等方面的改变，如何结合个性化、碎片化、移动化、社交化的客户信息消费新特征，借助新技术重构营销场景，重塑客户体验，整合多元化的营销传播渠道、手段，创新营销组合策略，成为新时代企业市场营销的难点所在，更是重点所在。

二、数据驱动下营销策略革命

1. 从流量驱动到数据驱动，再到 AI 驱动

如今，新一代信息技术已经带来了营销领域的巨大变革，数字营销在经历了流量驱动和数据驱动两个阶段以后，正逐步进入人工智能（AI）与大数据驱动的智能营销时代。这是一个以 AI 技术深度介入营销过程并重新定义和指导营销为标志的新阶段。在流量驱动阶段，流量是核心驱动因素，只要用户流量增长，就能带来营销增长；在数据驱动阶段，数据作为核心驱动因素，已发展成为指导营销的策略制订和效果优化的辅助工具；而在智能营销阶段，人工智能（数据＋算法）成为核心驱动因素，相较于数据驱动阶段，人工智能不再只对工作简单辅助，而是已经开始模拟人类的思考过程，提供营销决策和创

作参考，从而创造更大的价值。

2. 营销决策，从以媒体为核心转向以用户为核心

程序化技术的普及，让数字营销迎来新一轮的营销决策理念的升级。随着品牌、媒体、用户三方关系的变化，营销决策的重心正从受众购买向用户购买升级。用户购买意味着营销不再坚持媒体中心论，而是将营销决策的关注点着眼于用户消费行为的变化，以及行为背后的真实需求，并以此出发，创新营销沟通渠道与策略，与用户达成双向互动，从而实现营销价值交换。营销决策核心关注点变化如图9-3所示。

图 9-3　营销决策核心关注点变化

3. 从线性营销活动执行，到构建以用户为中心的营销闭环

在互联网环境下，营销活动从线性营销执行，向以用户为中心的闭环营销发展。在线性营销活动中，产品、营销和销售的策略相对独立；而在闭环营销活动中，基于用户行为数据的实时反馈，将产品、营销和销售环节串联在一起，并通过相互之间的数据指导产品设计、优化市场以及销售策略，形成营销

闭环，从而有效提升营销活动的效率和效果。以用户为中心的
市场营销闭环如图9-4所示。

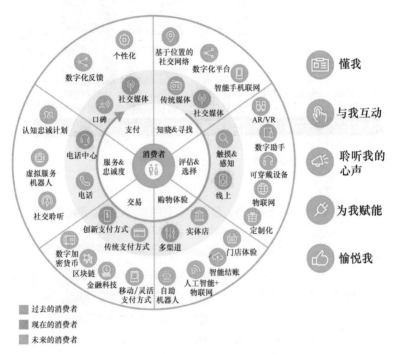

图 9-4　以用户为中心的市场营销闭环

4. 营销自动化、智能化，让数字营销更高效

大数据、人工智能正逐步深度介入数字营销中的各个环节，
从客户洞察、策略制订，再到创意生成、智能投放、效果分析
以及再营销等，这使数字营销更智能、更高效，也驱动营销活
动实现成本更低、效果更优。

新一代信息技术在营销中的应用如图9-5所示。

图 9-5　新一代信息技术在营销中的应用

案例：用友网络，B2B 企业的数字营销探索

用友网络科技股份有限公司（以下简称"用友公司"），成立于 1988 年，是全球领先的企业与公共组织云服务、软件、金融科技提供商，为客户提供涵盖营销、制造、采购、供应链、财务、人力、协同等核心业务领域的数字化、智能化解决方案以及商业创新服务。截至 2020 年 9 月，用友公司拥有员工超过 17000 人，全球分支机构 230 余家，生态伙伴 7000 余家，服务企业与公共组织客户超过 626 万家，覆盖综合性集团、制造、零售、工程、消费品、交通与公用事业、建筑与房地产、金融、汽车、能源、通信与广电、餐饮与服务、医疗、财政等政府与事业单位。

📊 业务痛点

顺应企业数字化趋势，用友公司响应市场需求变化，发布 3.0 战略，部署软件、云服务、金融科技三位一体的战略布局。在这一战略布局下，用友公司的产品及服务形态发生了巨大的变化，同时客户的购买行为、决策流程等也随着自身数字化需求的变化而改变，加之新一代信息技术驱动企业营销环境的快速变化，以及数字营销思路与策略的巨大改变，用友公司面临新的营销挑战。用友公司数字营销中存在的问题如图 9-6 所示。

图 9-6 用友公司数字营销中存在的问题

应用模式

2017—2019 年，用友公司根据其自身业务特点提出了相应的数字营销转型战略，融合数字营销、关系营销、精准营销的核心理念，构建数据驱动一体化智能化营销平台，实现了基于"数据+算法"的数字化客户识别与客户需求全面洞察，基于高质量内容营销的持续性客户连接，基于全触点营销的多渠道客户价值传递，基于全域社群营销平台的持续性客户互动，基于营销闭环的价值交换与客户回报。

关键要素

1. 构建营销大数据平台，从数据库营销到大数据营销

用友公司整合官网、公众号、头条号、微博、CRM 数据库等多数据源，打通与百度、知乎等第三方超级流量池的数据连接，构建 Data-engine 客户营销大数据平台，形成全渠道、全媒体覆盖的客户营销大数据，实现基于业务需求的深度数据获取，并基于统一的 Uni-ID 进行客户主数据管理，实现以客户为基础的相关行为数据、业务数据和交易数据的集中管理，为实现基于大数据的精准营销奠定了基础。用友公司多渠道客户数据采集流程如图 9-7 所示。

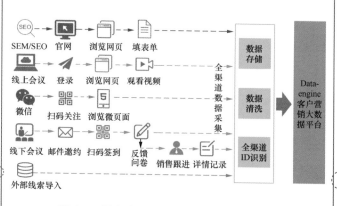

图 9-7　用友公司多渠道客户数据采集流程

2. 基于营销大数据平台，实现数字化精准识别客户

平台采用"标签化＋打分"的方式对数据进行动态管理，同时借助大数据、人工智能等技术，利用"数据＋算法"开发近百个机器学习模型，利用以营销大数据为基础的客户画像展开与客户关注度、活跃度、兴趣点、购买决策、复购、流失、激活、分享等行为相关的关系分析与预测，在海量数据中发现隐含的相关性，进而据此对客户进行数字化精准识别与全面洞察，并通过营销自动化工具，对目标客户实现精准营销，促进销售转化。用友公司大数据营销运营流程如图9-8所示。

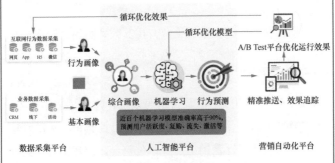

图9-8　用友公司大数据营销运营流程

3. 精准洞察客户需求，数据驱动下的营销自动化

Data-engine客户营销大数据平台可以准确地找出客户的潜在需求以及客户最关注的购买要素，进而精准预测客户的购买行为节点，制订有针对性的客户营销策略。在此基础上，用友公司借助营销自动化工具，向目标客户准确地推送营销信息，迎合客户信息获取习惯，激发客户兴趣点，满足

客户需求，赢得客户信赖等，从而通过智能化的精准营销，促进销售转化，加速销售进程。

4. 基于营销闭环的实时营销效果分析

针对数字营销业务流程节点以及客户购买的关键体验环节，用友公司制订了一系列的营销效率以及营销成果质量评估指标。例如好奇指数、认同指数、拥护指数等反映单次市场营销效果的评估指标；投资回报率、商机获取成本等反映单次市场营销总体执行结果的评估指标；客户拜访成功率、商机转化率等商机质量的评估指标；商机增长率、业绩贡献比等市场营销效果的年度评估指标。

📊 应用价值

借助数字营销大数据平台，用友公司实现了以客户为中心的营销过程的个性化、精准化、自动化与智能化；实现了基于营销大数据平台的客户全生命周期管理与运营，大幅提高了营销效率以及营销有效性，降低了营销成本；通过营销大数据平台，将内容营销、社群营销、活动营销等多种营销手段、营销渠道一体化整合，使营销目标更聚焦、更精准，营销效果更明显，营销执行更高效。

管理运营实时化

诺贝尔经济学奖获得者、信息不对称理论的奠基人约瑟夫·斯蒂格利茨指出，我们正在进入由数字技术推动的新经济时代，一个充满不确定性、高利润与高风险并存、快速多变的"风险经济"时代。在这个时代里，过去的"大鱼吃小鱼"不再是一般规律，取而代之的是"快鱼吃慢鱼""信息充分的鱼吃信息不充分的鱼"，速度成为时代的自然淘汰方式。

在"速度决定企业命运"的时代，实时企业（Real Time Enterprise，RTE）的概念日趋流行。创建实时企业可有效利用数字技术发掘企业数据资产，消除企业关键性业务流程中管理和执行的延迟，实现企业管理运营实时化，通过更加快捷、高效的协作帮助企业及时掌握比较充分的信息，变不确定为确定，认准方向，加快发展，进而提高企业的核心竞争力。

一、数据驱动下运营思维演进

5G 技术与物联网技术的急速拓展带来了大量数据，这些数据甚至呈井喷式增长。根据 Gartner（高德纳公司）的统计，截至 2020 年，全球至少拥有 250 亿台物联网设备，平均每个人通过 3 台以上的设备与虚拟世界相连。这些设备不仅涵盖了各行各业，也和每个人生活的方方面面紧密融合。

与此同时，大数据的应用越来越彰显优势，应用范围也越来越广泛。各种应用大数据的领域正在不断地发展新业务，创新运营模式。大数据时代，我们需要转变传统的数据思维，充分挖掘海量数据价值，释放数据要素动能。在《大数据时代》一书中，大数据之父迈尔·舍恩伯格关于大数据时代的三大思维值得我们深入思考。

思维1：关注的不是随机样本，而是全体数据

随机抽样是统计学中的常用方法，是指在全部调查单位中按照随机原则抽取一部分单位进行调查，根据调查结果推断总体的一种调查方式。随机样本是小数据时代的历史产物，力求用最少的样本数据得到最精准的结论。然而简单的随机抽样只适用于总体单位数量有限的情况，对于复杂的总体单位而言，随机样本的代表性难以保证，毕竟在对总体单位不是很了解的情况下，随机样本的代表性较差。

在大数据时代，我们可以借助数字技术便捷地获取全体数据，可以更高效地分析更多的数据，有时候甚至可以处理和某个特别现象相关的所有数据，而不再依赖于随机采样。用全体数据代替随机样本，可以将影响结果的所有可能性都涵盖进去，避免随机样本代表性差而带来的分析误差。

思维2：追求的不是精确性，而是混杂性

大数据时代，伴随着社交网络、移动计算和传感器等新的渠道和技术的不断涌现和应用，数据来源和数据结构变得更复杂，同时数据更加全面、海量。一般而言，大数据的应用有3个特点：一是通常更注重群体行为的分析结果，例如，网络消费的大数据分析等；二是通常更倾向于整体上的感知，影响范围更广，例如，舆情监测、流感监测、网络营销、智慧城市等应用；

三是通常更适用于自下而上的知识发现和预测过程，在杂乱无章的数据中找出其背后的规律，从不确定性中找到确定性。这就要求我们不再热衷追求微观层面上的精确度，应该转向关注在宏观层面上拥有更好的洞察力，以及数据的多样性、混杂性。

思维 3：洞察的不是因果关系，而是相关关系

经调查发现，大数据的应用正在从传统 IT 的以事务处理技术为核心，逐步转向专注数据本身。越来越多的企业实施大数据项目，它们的关注点不再是通过建设传统数据仓库、数据挖掘和商业智能来分析可以预知的事情，以及提高业务管理效率，而是

> 数据仓库是一个面向主题的、集成的、随时间变化的，但信息本身相对稳定的数据集合，用于支持管理决策过程。

基于全体数据（而不是清洗后的数据）的可视化探索洞察，在理解数据关联的基础上，更好地进行高效的数据价值发现，探寻数据背后潜在的业务规律和带来业务创新的可能性。

大数据时代，我们无须再紧盯事物之间的因果关系，而应该寻找事物之间的相关关系。相关关系也许不能准确地告诉我们某件事情为何会发生，但是它会提醒我们这件事情正在发生，帮助我们找出问题的解决方案。

二、数据驱动下运营策略更迭

实现数据驱动下的实时运营，打造实时企业是大数据时代

企业运营策略的最大变化，然而到底如何实现呢？我们可以将打造实时企业分为基础设施建设、描述性分析、数据智能与生产部署这 3 个阶段来逐步推进。

1. 基础设施建设：基于数据湖的数据治理

这个阶段的关键在于把大数据存起来、管起来、用起来，同时考虑大数据平台和原有业务系统的互通融合。从技术视角而言，越来越多的企业选择基于数据湖（Data Lake）的数据存储与管理模式。数据湖是对数据进行集中处理、实时分析和机器学习等操作的统一数据管理平台。数据湖参考服务架构如图9-9 所示。

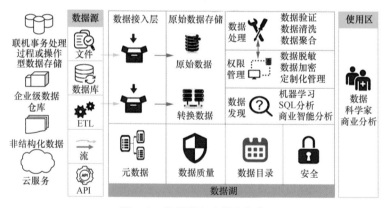

图 9-9　数据湖参考服务架构

数据湖是一个以原始格式存储数据的存储库或系统。它汇集了包括数据仓库、实时和高速数据流技术、数据挖掘、深度学习、分布式存储等各种技术，逐渐发展成为一个可以存储所有结构化和非结构化的任意规模数据，并可以运行不同类型大数据的工具，例如，存储结构化数据（例如，关系型数据库中的表）、半结构化数据（例如，CSV、日志、XML、JSON）、非结构化数据（例如，电子邮件、文档、PDF）和二进制数据（例如，图形、音频、视频）。

2. 描述性分析：基于数据中台的数据可视化

这个阶段主要是通过构建数据中台，利用离线或在线方式对数据进行基本描述性统计和探索式可视化分析。

这里讲的数据中台是一个企业加工生产数据的业务系统，它不是一个传统意义的技术平台，而是一个生产系统。它的生产资料是数据，它的产品是对业务产生具有洞察价值的服务。如今的企业数据系统正从封闭架构（例如，数据仓库）走向开放架构，演进为一个建立在渐进式架构之上的开放平台，在数据应用上呈现出"五大转变"，即从统计分析向预测分析转变，从单领域向跨领域转变，从被动分析向主动分析转变，从非实时向实时分析转变，从结构化数据向多元化数据转变。同时，企业对统一的数据中台诉求强烈，对数据中台的运算能力、核心算法及数据全面性提出了更高的要求。

一般而言，数据中台以数据移动、数据仓库、大数据和人工智能等数据加工处理技术为基础，主要提供主数据管理、数据移动、画像标签、关系图谱和智能分析服务等产业标准服务，包括数据资产、BigFusion（大融合）、企业画像、智能分析、金服桥等业务模块。数据中台参考服务架构如图 9-10 所示。

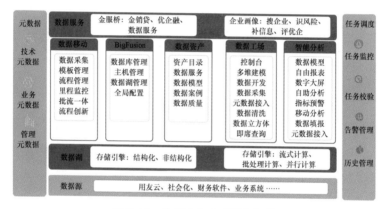

图 9-10　数据中台参考服务架构

3. 数据智能与生产部署：基于 AI 中台的智慧运营

这个阶段是在实现了基于数据湖的数据治理和基于数据中台的数据可视化两个阶段后，在数据稳定成熟的条件下，形成在实时数据驱动下的机器学习与智能化高级预测分析。这个阶段的关键在于基于 AI 中台实现数据驱动的智慧运营。AI 中台参考服务架构如图 9-11 所示。

作为企业 AI 中台的典型代表，用友 YonBIP · 智多星是用友公司打造的面向企业内外部开发者、独立软件开发商（Independent Software Vendors，ISV）、生态伙伴、客户以及包括 AI 训练师、AI 标注师等人工智能新职业的创新载体。这是一个拥有智能工场和智能机器人两大核心能力，具备低门槛、向导式、高效率等特点的 AI 中台，可支撑企业全价值链、全场景的泛在智能和群体智能应用。

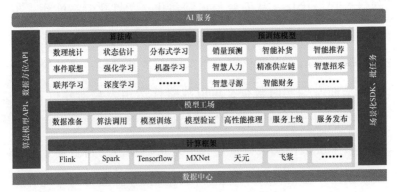

图 9-11　AI 中台参考服务架构

　　智多星的智能工场是由算法库、场景化模型库、计算引擎、模型工场、模型管理五大服务构成的，预置了 40 多种主流 AI 算法，数十种预训练场景模板，全面兼容主流机器学习、深度学习、迁移学习、增强学习、联邦学习框架，支持多智能体自主协同、单机时滞学习、多点同步学习、准时自主学习，支持专业开发者随时贡献新算法、新模型、新场景模板，为算法科学家、业务专家、零基础应用人员等提供具有数据—智能—业务深入融合的事件联想能力，帮助用户实现场景导向的群智激发。

三、数据驱动下运营系统升级

　　数据驱动下的实时企业强调的是"系统的系统"，是通过全程、全链条的数据化获得更智能、更高效的系统化能力。

在这其中，"数据"是关键，产品/服务因为有了"数据"的特征而拥有更高的附加值；生产制造过程因为数据化而实现制造流程最优化，从而变得更精益化、柔性化、智能化；市场营销因为数据化支撑实现了目标客户精准定位，市场趋势实时洞察，用户个性化需求被即时获取并满足；企业管理者因为全面掌握实时数据，可以战略性运用大数据分析工具，掌握并预测以客户为中心的市场状况和变化趋势，并根据数据洞察生成最佳决策行动建议；未来数据流动将贯穿企业研发、生产、营销、服务等整体运作流程，企业将因为拥有从用户到制造、到销售，再到服务的全生命周期数据而实现经营效益的最大化。

数据驱动下的实时企业需要一个融合数据中台与 AI 中台的一体化智能决策管理平台，进而对这些海量的异构数据进行多维度分析，提高数据分析的实时性和可视化，利用人工智能和大数据分析技术分析数据背后蕴含的关键信息，实现基于数据驱动的战略决策。

案例：海南农垦集团，统一数据决策分析平台

海南省农垦投资控股集团有限公司（以下简称"海南农垦集团"）现有多家下属二级企业，遍布海南省各市县，拥有良好的天然橡胶、热带农业、畜牧养殖、旅游地产、商贸物流、金融服务等产业基础。在新的经济形势下，海

南农垦集团着重实施"八八战略"（八大产业和八大园区），努力把海南农垦打造成海南省经济新的增长极和国家热带特色农业示范区。

📊 业务痛点

从市场政策层面来看，供给侧改革、垦区集团化、农场企业化、社会职能转移，是海南农垦集团新时期数字化转型面临的挑战与机遇。从企业内部管理而言，高层数字化获得感弱，决策支持难；存在信息孤岛，数据统计标准不一，信息覆盖面小，数据采集难；手工数据及时性差，准确性难以保证；企业结构复杂，层级多，难以实现企业的有效治理管控，经营风险层出不穷。

📈 应用模式

海南农垦集团抓大放小，围绕数字化规划项目梳理出来的九大管控分析主题及其关键管控点指标，以财务、人力和土地为主线，以管理需求为视角，构建符合业务实际需求的大数据系统，并且对各个分析主题指标的需求进行详细分解、深入优化，以及着重关注农垦八大产业和八大园区的建设。

🖥 关键要素

在数字化规划项目成果的基础上，海南农垦集团建立了经营管理分析系统，构建了完整的指标体系，结合商业智能分析平台以及数据中心，借助数字化手段，通过数据集中、获取分析与展现，快速整合农垦集团多版块、多系统、多数据源的大数据经营分析决策系统，为企业决策提供准确、完整、实时的数据分析体系，从而全面提升企业内控与决策管理水平。

在商业决策建设的基础上，海南农垦集团建设领导决策驾驶舱（分析可视化）平台，对现有报表的核心数据进行直观的可视化分析（不限于图表、地图等多种多元化控件分析）；主动推送关注的预警消息，指标覆盖跨版块、跨系统，对集团组织维度下的经营管理报表进行梳理开发，形成统一的经营门户平台。

海南农垦集团统一数据提供平台、基础数据、统计口径、控制制度，打破信息孤岛，加强集团的管控力度，满足从决策层到管理层实时、全面、准确的数据获取需求，提供强有力的管理决策支持；提升数据供应效率，提高数据供应及时性，辅助管理决策，规避经营风险，降低企业的管理成本。

 应用价值

依托现有的 ERP 财务系统、国土系统和统计分析系统，海南农垦集团对每个管控分析主题进行详细分析，建立业务模型及数据模型，利用数据仓库系统与商业智能分析工具，实现数据决策的可视化，满足了经营分析和集团管控需求。

案例：国电山东新能源，数据驱动智能运营

国电电力山东新能源开发有限公司（以下简称"国电山东新能源"）是国电电力发展股份有限公司在山东开发经营新能源产业的全资子公司。截至 2018 年 12 月底，公司

投产项目 7 个，分别是日照莒县风电场（2MW×24）、青岛胶南风电场（1.5MW×33）、威海文登风电场（1.5MW×33）、日照五莲风电场（1.5MW×33）、威海新区风电场（1.5MW×33）、潍坊诸城风电场一期二期（1.5MW×33×2），投产容量达34.5万kW。

业务痛点

人员方面的问题。存在定额限制、技术水平差异、工作人员无法照顾家庭、人员结构不合理等问题，新投产风场无人可派。

运行方面的问题。风场数据采集与监视控制功能有限、运行水平存在差异，运行性能评估不及时、绩效对比不便、风机运行欠缺优化。

检修方面的问题。多个风场设备状况不佳、检修水平低、设备首发故障、故障诊断分析不到位。

管理方面的问题。位置分散、沟通不畅、信息获取不准确不及时、管理成本高效率低。

统计分析的问题。统计报表效率低、信息零散、数据上报不及时、计算靠手工、数据缺失。

应用模式

国电山东新能源的风机机型有UP82、UP86、UP96、UP97这4种，电气操控系统分别由4家公司提供，不同的数据转换协议有多种，不同的数据端口更是多达上百个。

在管理层的大力支持下，国电山东新能源远程集控中心于2016年5月上线。借助新技术支撑，国电山东新能

全管理、设备管理、运行管理、日常检修、技术监督、备品备件管理、统计分析等功能。

 应用价值

集中运营管理模式。多风场集中运行值班，实现低成本、高效率；在大数据平台上采用电量平衡分析法，实现专业化管理；利用大数据技术进行风机运行智能提醒，实现了精细化值班运行。

运行优化。对所有风电场的两项细则考核在监控系统中设置智能判断，从而有效降低考核电量；进行了风电场AGC优化，减少限电期间损失；通过增加监控功能，提高了风机运行指标及缺陷处理能力；改进了数据上传系统，可以灵活定制。

首发故障诊断。系统与风机PLC实现对接，自动判断首发故障，减少故障判断时间；实现手机实时监控查询故障，提高维修效率，有效减少故障时间；实现故障统计分析，提高了巡检、维护技改的针对性。

经济效益明显增加。国电山东新能源实行的集控运行提升了运行管理水平，其中，多人值班的模式提高了运行值班的质量。

人力资源优化配置。按照集控系统改造前的生产运行模式，6个风电场总共需要运行人员36人，维护期内检修由厂家负责。实施集控运行后，远程集控中心人员共16人，按照人均成本20万元核算，通过实行"远程集控运行，现场少人值守"的管理模式减编了20人，每年可节约人力资源成本400万元，该部分人员可为风电场自主检修队伍提供人员保障。

战略决策智能化

一家实时企业必须实时掌握有助于市场决策和优化关键业务过程的最新信息，必须有能力及时获取决策所需的关键信息，这就带来了企业对于实时大数据平台、业务活动实时监测与预警系统的强烈需求。实时大数据平台借助数据湖、人工智能等相关技术，快速实现了企业经营决策相关信息的搜集、加工以及实时分析处理，为管理者提供实时决策信息以及高效决策依据，并针对日常运营工作执行自动化决策及处置。

一、数据驱动下决策工具演进

决策是一个复杂的思维操作过程，是信息搜集、加工，最后做出判断、得出结论的过程。决策是管理中经常发生的一类活动，是为了实现特定目标，根据客观的可能性，在占有一定信息和经验的基础上，借助一定的工具、技巧和方法，对影响目标实现的诸多因素进行分析、计算和判断选优后，对未来行动做出决定。就本质而言，决策的过程是通过搜索"外部的信息"和"内部的经验"来获得"答案"的过程。

在信息爆炸的环境中，如何快速搜寻有效、合适、满意的信息，从而高效地思考问题、解决问题是每位管理者经常面临的难题。稀有资源已不是数据或转换后的信息，而是处理这些数据与信息的能力。

从传统数据库到实时大数据平台，决策依赖数据支撑，实时决策则依赖实时数据支撑，实时智能决策当然离不开实时大数据平台的有力支撑。实时大数据平台着眼于对数据的实时汇集、处理与分析，并基于"算法+模型"形成决策支持体系，辅助甚至替代人工进行相应的业务决策。

实时大数据平台相较于传统数据仓库有着显著的优势与区别，表现在以下 4 个方面。

1. 战略支持与战术支持

传统的数据仓库只提供战略性决策支持，实时大数据平台不仅提供了战略性决策支持，还提供了战术性决策支持。

2. 数据加载方式

传统数据仓库通过批量的方式定期进行数据加载，而实时大数据平台是实时、动态的加载，最新的信息从操作型系统被集成到大数据平台中来提供当前业务的最新视图。

3. 访问用户

传统数据仓库的用户主要是企业管理者，用户规模不会很大，而实时大数据平台可以直接面向企业的一线人员，用户规模相对较大，并且会有大量的并发访问。

4. 响应时间

实时大数据平台允许动态的数据访问，并且信息访问与企业运营连在一起，因此，对响应时间有比较高的要求，一般控制在3秒以内。而对于一个复杂的分析，传统的数据仓库的响应时间一般为5分钟到半个小时。传统数据仓库与大数据实时平台对比分析如图9-12所示。

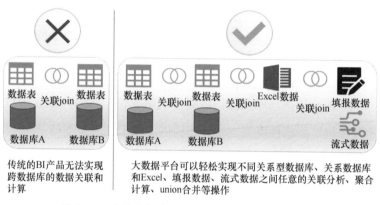

传统的BI产品无法实现跨数据库的数据关联和计算

大数据平台可以轻松实现不同关系型数据库、关系数据库和Excel、填报数据、流式数据之间任意的关联分析、聚合计算、union合并等操作

图9-12　传统数据仓库与大数据实时平台对比分析

实时大数据平台带来的优势是明显的，但给技术系统设计带来的挑战也是巨大的，实际建设宜采取由简到繁的建设步骤，逐步从传统的数据仓库发展到实时的大数据平台。针对当今的商业要求，从传统数据仓库到实时大数据平台是一个自然的演变。将传统数据仓库扩展成为实时大数据平台有助于企业减少信息延迟，这是一家实时企业的主要特征。由于企业业务应用了更好的集成，所以实时大数据平台可以帮助企业更主动

地提供商业服务，使商业智能被更多的"知识工人"掌握，"知识工人"可以根据这些信息来执行商业决策。最终，实时大数据平台有效利用了现有的系统，使许多组织最大化地利用了其对数据的潜在投资。

二、数据驱动下决策模式重构

数字经济时代，企业经营正面临诸多的不确定性，在这种不确定性的环境中进行决策是一个巨大的挑战。然而这种新的认识和改造世界的方法论，也在催生基于"数据＋算法"的决策革命。这场革命将决策带到了一个全新的数字世界中。管理者的决策过程正在从基于经验的决策转向基于"数据＋算法"的智能决策。

1. 决策变革：基于"数据＋算法"的决策

大数据与人工智能技术的发展在"数据＋算法"的双重作用下，为我们构造了认识世界的新方法论。无论是爱因斯坦的质能方程，还是牛顿的三大定律，都是我们认识这个物理世界的方式。如今 IT 从业者正在把规律模型化、模型算法化、算法代码化、代码软件化，再用软件去优化物理世界，从而为人类构建两个世界，即物理世界和数字世界。

过去，飞机从立项到交付需要近 15 年，现在只需要 5～6 年的时间，因为人们构建了一套认识和改造世界的全新方法论。飞

机、高铁、航天飞船、高精尖的设备都可以通过在虚拟环境（数字世界）中模拟在物理世界中的运行，以测试其运行中的电流、电压、噪声、稳定性、可靠性等相关指标变化，借助数字孪生的方式实现快速迭代，这大幅度提高了研发及生产效率。

2. 从决策支持到决策智能

20 世纪 70 年代，决策支持系统的概念被提出并伴随 ERP 的普及以及互联网的迅猛发展得到快速推广。据统计，目前超过 60% 的中国大型企业已经基于决策支持系统进行业务决策。

随着大数据技术的发展与深度应用，基于"数据 + 算法"的决策变革正在推进企业决策支持系统向智能决策转变与进化。以前的决策支持系统往往被称为决策辅助系统，原因是以前的技术确实只停留在辅助决策的层面，这类技术中比较成熟和典型的是商业智能（Business Intelligence，BI）技术。而实际上，BI 只是把数据库里的数据、表、字段等信息转化成一些关键的业务指标，人们对这些关键业务指标进行分析后再做出相应的决策。这些决策完全是由人做出的，而 BI 只是辅助决策。然而，智能决策系统是由机器而不是人来做决策，这是最大的转变，也是其与以往的决策辅助或者决策支持系统的本质区别。

一般而言，智能决策系统融合大数据与人工智能技术，基于动态知识图谱、自然语言和行业业务模型，为用户提供海量数据汇聚融合、快速感知和认知、分析和推理、自适应与自优化、行业智能决策这五大能力，系统本身也具备自适应和自优化的能力，支持复杂业务问题的自动识别、判断并进行推理，进而做出智能、快速、精确、实时的 AI 决策。

当然，不是所有的决策都是完全智能的、自动化的。智能决策多数集中在所谓的战术级以及运营级的决策上，例如，给什么样的用户做什么样的推荐等。而战略级别的决策，一般来说，现在还是由人在机器的辅助下完成的。

第十章
数据予力：商业模式升级

数据资产社会化

"大数据的市场规模没有天花板。"大数据作为新兴领域已经进入应用发展阶段，基础设施建设带来的规模性高速增长出现逐步放缓的趋势，技术创新和商业模式创新推动各行业应用逐步成熟，应用创造的价值在市场规模中的比重日益增大，并成为新的增长动力。从总体规模看，大数据成为全球IT支出新的增长点。从大数据核心产业结构看，基于大数据的服务是大数据核心产业的主体，其规模约占大数据核心产业规模的90%。

数据资产化已经成为领军企业的一项核心能力和资源优势。一般而言，行业领军企业由于拥有足够大的市场份额，拥有足够强的产业链影响力，甚至拥有行业领先的交易数据和交易资源，其在数据采集、数据存储、数据分析、数据可视化等大数据服务输出方面具备中小企业无可比拟的先天优势。而这一优势如何创造更大的社会价值，是大多数企业正在积极思考和摸索的方向。对于行业领军企业而言，面向用户提供基于行业大数据的创新数据服务是一个难得的市场机遇，是数字化商业创新的一个重要路径。如果把大数据产业比作房地产开发，那么海量数据就是房地产开发时的土地资源，数据挖掘开发就是搭建楼盘。大数据主要的盈利模式也是围绕这两个方面展开，一是通过直接"搬运"数据赚钱，二是通过数据加工分析盈利。

目前国内的大型企业集团在这方面的探索已然起步。

案例：浙江省新华书店从图书零售商转型图书数据服务商

浙江省新华书店集团有限公司（以下简称"浙江省新华书店"）隶属于浙江出版联合集团，专注出版物发行主业经营，通过连锁经营机制创新，实现主业集约化、专业化、规模化快速发展。下属子公司74家，在省内外拥有100余家连锁企业，企业综合实力评价连续7年位居全国新华书店前5位。

挖掘核心竞争力，探索书目信息资产化。浙江省新华书店坚持以技术引领为先导，建设信息系统和现代物流系统，整合行业产品资源和信息资源，搭建出版物综合数据信息服务开放式平台，建成了行业内最大的标准书目信息

库，为行业提供信息技术服务，得到了业界的高度认可和普遍使用。

共享书业数据资产，转型数据服务商。在标准书目信息库的基础上，浙江省新华书店借助大数据技术，加快开发行业书目信息的交换与共享、市场大数据分析与应用和供应链协同解决方案，积极打造行业领先的出版物综合数据信息开放式服务平台，不断推进企业信息化、网络化、平台化融合发展和转型升级。

转型初见成效，引领图书行业进入大数据时代。目前，浙江省新华书店打造的出版物综合数据信息开放服务平台的出版端，已经能够收集到全国 20 余家发行集团，超过 4000 家门店的实时数据，用各种标签实现了对作者、产品、渠道、读者的有效整合，分别通过全域视角、管理视角、编辑视角和发行视角进行不同维度的呈现，打造出覆盖出版业务全流程的算法、模型，并与书店信息系统无缝连接，实现真正意义上的信息互通。

未来的交易将是基于场景化的交易，借助数字技术，将商品数据 API 化，嵌入第三方平台或其他业务系统，实现交易场景化，既降低了成本，又提高了交易效率。以智能冰箱为例，冰箱不仅仅是冷藏食物的工具，还是消费者未来实现定制化采买的起点。通过分析消费者的年龄，身体健康、消费喜好等，冰箱企业可以为用户提供量身定做的一站式的采买服务。这背后既有对消费者的数据的分析，也需要商品的标准化数据输出。

产品服务数智化

数字化转型已经成为企业管理者的关注点。坚定不移地推动企业商业运营迈向移动化、数字化、网络化、智能化，是未来企业管理者的必然选择。企业数字化转型不仅是企业所提供产品的数字化，更重要的是与产品相关的服务也要进行相应的数字化。企业产品数字化和产品服务数字化，是企业数字化转型的双轮引擎驱动，缺一不可。

随着信息物理系统和数字孪生的兴起，产品和服务的数字形式对物理形式的映射正在不断加强。虽然在某些行业中，产品和服务的数字化形式和程度还存在一定的差异，但是数字化的服务和物理形式的产品正在进行深入的融合。企业产品的形态和交付方式在数字化的方式下发生了颠覆性的变革，数字化正在重新定义产品和服务，数据成为产品和服务的重要特性，数字世界正在史无前例地影响着物理世界。

市场需求正在从产品导向转变为产品服务导向，产品的价值越来越多地体现在数字化服务产生的附加值上。客户要求的不仅是符合个人需求的产品，而且需要有更好的客户体验，更全面的一站式服务。消费者需要的不再是一件商品，而是整体的解决方案；企业客户需要的也不仅是一台机器，而是这台机器全生命周期的运维服务。优质的服务水平成为企业增强核心竞争力的一个重要因素，企业间的竞争不再只是产品方面的竞

争，而是上升到企业服务间的竞争。以用户体验为核心的数字化服务形态将是未来商业社会的主要竞争形态。

传统线下人工服务模式逐渐被数字化、网络化和智能化的远程在线服务模式替代。目前，数字化服务和人们的日常生活已经高度融合，基于云的企业服务产业正在快速成长。如果传统企业服务商不转型升级，将会被数字化企业服务商代替。

未来的企业服务将出现两种趋势：一种是以交易场景为核心，业务服务、金融服务和 IT 服务三位一体，实现新的突破发展；另一种是多态融合智能化，即各种形态的云服务融合起来，基于人工智能技术为企业服务。

在数字化浪潮下，企业服务 1.0 阶段是数字化服务，以移动互联网、云计算、大数据为技术基础；企业服务 2.0 阶段是智能化企业综合服务，包括智能化云、软件、金融等服务，以人工智能、物联网和区块链为技术基础。当前，企业服务已经逐渐从 1.0 阶段迈向 2.0 阶段。

在数字经济时代，对客户现实需求和潜在需求的深度挖掘、实时感知、快速响应、及时满足的水平已经成为企业新型的竞争能力，构建这一新型竞争能力的核心在于通过数据驱动去培养面向客户需求、客户体验的感知能力和转化能力。基于"数据＋模型＝服务"的理念，企业实现从产品生产商到客户运营商的转变，构建远程状态监测，故障诊断、预测预警、在线调优等各种智能服务。

案例：湖南星邦重工实现产品全生命周期智能服务

　　湖南星邦重工有限公司（以下简称"星邦重工"）是国内领先的高空作业设备设计商、制造商和销售商。

业务痛点

　　在快速开拓市场的同时，传统的售后服务体系制约着星邦重工的发展。在企业的第一个十年，星邦重工提供了一系列优质的产品，赢得了众多用户。未来，更好地服务用户成为星邦重工业务发展的突破口。

　　传统的信息流动模式，例如，ERP系统、电话、邮件，及时且准确地反馈信息比较困难，特别是对于高空作业车这种安全性要求极高的设备来说，实现高效、准确的设备运行数据反馈是提升星邦重工全球整体售后服务水平的关键。

　　目前，星邦重工面临三大问题：一是如何严格控制主机故障率，延长设备服役时间，降低产品能耗；二是如何降低对设备管理及服务人员的技术要求，实现设备智慧管理及"人人皆可服务"，有效解决用户需求和售后服务脱节的问题；三是如何拓展零部件再制造、二手设备交易租赁、服务保险等增值服务，在售后服务市场寻求新的利润增长点。为了解决这三大问题，星邦重工将希望放在了根云平台上。

应用模式

　　星邦重工全新打造的产品全生命周期智能服务解决方案以服务流程优化驱动，融合信息化管理手段，输出公司服务体系业务流程，建立基于工业互联网的智能服务平

台，提供从产品智能互联、产品工业大数据分析到物联监控和智能服务等 SaaS 核心应用。

关键要素

一方面，星邦重工借助根云平台，联合国际主流芯片厂商、通信服务商，在全球范围接入智能车载终端，提升星邦重工产品的智能化水平。另一方面，星邦重工利用大数据、人工智能等技术，实现装备工况数据的存储、分析和应用，有效监控和优化装备运行工况、运行路径等参数与指标，提前预测预防故障与问题，智能调度内外部服务资源，为用户提供智慧型服务。

星邦重工通过提供国际化、轻量化的 SaaS 服务，建立全球服务体系业务流程，覆盖设备全生命周期的维修、保养、技改、巡检、旧件返厂、配件销售、回访监督，提高了企业用户的售后服务效率。

应用价值

星邦重工的主要用户是设备租赁公司，其通过为用户提供一个 App 或端口，提升了设备的管理效率，原来一个业务员能管理 50 台设备，现在一个业务员能管理 100 ～ 200 台设备。同时，星邦重工作为制造厂商也可以观测到产品的运行状态，便于了解设备的改进方向，提升产品和服务的质量。

目前，星邦重工构建的全球化智能服务体系已经覆盖了东南亚、中东、南美洲、大洋洲、欧洲等已有的海外市场。同时，在高空作业平台这个领域，星邦重工以主动

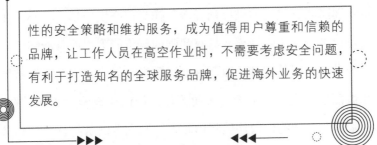

性的安全策略和维护服务，成为值得用户尊重和信赖的品牌，让工作人员在高空作业时，不需要考虑安全问题，有利于打造知名的全球服务品牌，促进海外业务的快速发展。

核心能力共享化

经历过爆发式增长与市场选择、政策调控，共享经济模式正在以更加合理的速度逐步扩散。中商产业研究院监测数据显示，截至 2020 年，我国共享经济规模已突破 10 万亿元，市场规模占 GDP 比重已达到 10% 以上。

共享经济通过互联网打破空间地域限制，连接碎片化资源，有效整合、提升互动和交易的效率，重塑了人与人之间的关系，让资产、资源、技术、服务能够通过第三方平台被分享给有需求的人，从而使其所有者获得利益；被分享者可以用更低的成本，更便捷的方式，获得更有品质的服务。未来，掌握行业优势资源和具备专业服务能力的行业领军企业，把企业的核心能力（供应链资源／能力、客户资源／经营能力、信息化平台／能力、生产制造资源／能力、物流资源／能力等）向全产业链输出，实现社会化共享将是未来数字化商业创新的一个重要途径。

以供应链资源／能力为例，领军企业拥有行业权威的供应链管理团队、领先的供应商资源，作为整个供应链的核心，凭借行业领先的采购规模，具有超强的议价能力，而且能够反向影响供应商产品设计、业务规划以及未来战略，甚至能够掌控涵盖信息、交易、定价、流通等在内的供应链全流程大数据。未来领军企业的价值评估将由收入、利润等财务指标延伸到基于客户数、服务能力和可扩展空间等互联网要素的价值评估。共享供应链对生产、销售流通、融资、物流交付各个领域都会产生较大影响，"互联网＋供应链＋共享经济"的全新商业模式将在各个产业环境中催生出具有影响力的平台公司。

用友公司服务的某大型国有医药集团，借助用友 PaaS 云平台和用友财务云、采购云、供应链云等 SaaS 服务，打造首个医药行业供应链物流管理云平台，向社会提供"安全、可及、可视、高效"的供应链管理服务。目前，该平台已覆盖 22 个省、3 个直辖市、40 余个地市级城市，管理承运商达 300 多家，日均吞吐量为 50 万件，日均库存达 787 万件；通过全国 70 个调度中心，管理医药行业主数据 18 万个，处理订单 16 万行，日均交易额超过 7.7 亿元，正逐步成为中国健康产业领域最大的医药供应链网。

国内某知名化工集团，在过去的几十年，基于多年大化工行业运营需要，积累了遍布全国的社会化闲散物流运输资源（指物流车辆及车主资源），为企业的化工产品提供遍布全国的物流运输服务。如今，借助互联网化、社会化的商业思维，该集团打造了国内领先的公路物流行业平台，通过线上"互联网物流平台"与线下"公路港实体网络",打造以"物流 + 互联网 + 金融服务"为特征的中国公路物流新生态,线下构建以"实体公路港"为核心的公路港实体网络,线上打造以"易配货""易货嘀""运宝网"为核心的互联网物流平台,通过线下与线上融合联动的运营方式,为货主企业、物流企业及个体货运司机等公路物流主体提供综合性物流及配套服务,形成"高效的货物调度平台""优质的货运生活服务圈"以及"可靠的物流诚信运营体系",发展公路物流 O2O 全新生态。

　　未来将出现多种企业核心能力共享模式,无论是批发企业、零售企业、物流企业、外贸企业,还是金融企业、网络平台,只要拥有较强的行业支配力,都有可能成为社会化能力共享平台的链主。共享能力平台使产业链上下游供应商、服务商、生产商、采购商以及终端用户等实现信息、资源的互联互通,"包容、开放、共享"是共享平台的基本理念,其关键在于整合和优化,但整合资源的目的并不是为了占有资源,而是在整合资源的基础上实现资源共享和分享。不求所有,但求所用。在产业链中谁拥有资源并不重要,重要的是谁在使用资源,资源是不是实现了充分共享。

　　共享供应链要求企业要积极融入全球供应链网络,在更大的时空范围内构建供应链体系,消除供应链环节的短板,推进供应链协同化、敏捷化、智能化、绿色化的进程,实现人流、商流、物流、资金流和信息流的通畅、高效、安全。

未来篇

释放数据潜能

"

全球数据量正以前所未有的速度快速增长，蕴含的价值趋于无限，数据潜能仅仅显露冰山一角。数据占有的多寡、数据利用的好坏成为评价一个国家、一个地区、一个企业综合竞争力强弱的关键指标，"用数据说话、用数据决策、用数据管理、用数据创新"成为经济社会运行的新常态，加快数据有序流通，构建数据驱动的价值网络成为未来经济社会数字化转型的共同选择。

"

第十一章

数据流通：构建数据生态

企业级数据集成

作为一种蕴含巨大潜在价值的战略性资源，数据的价值发挥是一个让数据"动起来"的过程。工业数据流通已经成为产业界的共识，它将从单个系统、局部系统向全局系统拓展，从企业内部、产业链延伸到全社会，不断突破地域、组织、机制的界限，实现对人才、技术、资金等资源和要素的高效整合，从而带动产品、模式和业态创新，构建全新的数据生态。

数据本身包含两层含义，即商品属性和工具属性。商品属性的一个重要体现就是能够进行交易，这显然是一个让数据流动的过程。基于这个属性，我国首家大数据交易所——贵阳大数据交易所与中国国际大数据产业博览会（以下简称"数博会"）相伴而生，这为实现数据的交易和分析应用、数据与金融工具的结合

提供了可能。而数据的工具属性则是指经过一定的处理和分析之后，数据能够对人类的生活、生产等提供支撑，这也有赖于数据从"持有者"向"使用者"流动。

企业内部数据集成通过构建一个精准、实时、高效的数据采集体系，对设备、系统、环境、人等要素信息进行数据采集、汇聚。

企业内部数据集成通过协议转换和边缘计算，将一部分数据放在边缘侧进行分析、处理并将结果直接返回机器设备，指导设备运行，将另一部分数据传到云端进行综合分析，进一步优化并形成决策。

企业内部数据集成还通过业务数据的互联互通，进行运行数据的采集、分析、挖掘，并与供应链系统等实现互联，优化生产经营全流程。

我国多数企业对数据集成应用的深度不够，数据资源潜力释放不足，数据价值尚未被充分挖掘，数据作为新型生产要素的驱动作用并不明显，但也有一些典型企业实现了突破。红领集团能够做到个性化定制服装的根本原因在于其内部建立了一个数据自动流动的生产体系，实现了数据的自动采集、自动传输、自动处理、自动执行，把正确的数据在正确的时间发送给正确的人和机器，避免了生产定制化过程中的不确定性、多样性和复杂性。

一、集成的数据复杂多样

信息物理系统的推广、智能装备和终端的普及以及各种各样传感器的使用，将会带来无所不在的感知和无所不在的连接，所有的生产装备、感知设备、联网终端，包括生产者本身都在源源不断地产生数据，这些数据将会渗透到企业运营、价值链乃至产品的整个生命周期。制造企业通过挖掘和利用这些数据，也在不断改进和完善自身的运作模式。海量的企业数据如图 11-1 所示。

图 11-1　海量的企业数据

1. 产品数据

产品数据包括设计、建模、工艺、加工、测试、维护、产品结构、零部件配置关系、变更记录等数据。产品的各种数据被记录、传输、处理和加工：一方面使产品全生命周期管理成为可能；另一方面也为满足个性化的产品需求提供条件。首先，外部设备将不再是记录产品数据的主要手段，内嵌在产品中的传感器将会获取更多的、实时的产品数据，使产品管理能够贯穿需求、设计、生产、销售、售后到淘汰报废的全部生命历程。其次，企业与消

费者之间的交互和交易行为也将产生大量的数据，挖掘和分析这些数据，能够帮助消费者参与到产品的需求分析和产品设计等创新活动中，这些数据还能被传递到生产设备，设备借助柔性化的生产方式就能够生产出符合个性化需求的定制产品。

2. 运营数据

运营数据包括组织结构、业务管理、生产设备、市场营销、质量控制、生产、采购、库存、目标计划、电子商务等数据。随着制造技术的进步和现代管理理念的普及，制造企业的运营越来越依赖信息技术，这也导致企业运营中的数据越来越多，一旦这些数据被充分利用，将会创新企业的研发、生产、运营、营销和管理方式，将会给企业带来更快的速度、更高的效率和更敏锐的洞察力。

首先，生产线、生产设备的数据可以用于对设备本身进行实时监控，同时生产过程中产生的数据经过快速处理、传递后可以再被反馈到生产过程中，使工业控制和管理最优化，对有限资源进行最大限度的使用，从而降低工业资源的配置成本，使生产能够高效地进行。

其次，对采购、仓储、销售、配送等供应链环节上的大数据进行采集和分析，将带来效率的大幅提升和成本的大幅下降，并将极大地减少库存，改进和优化供应链。

最后，利用销售数据、产品的传感器数据和供应商数据库的数据等，制造企业可以准确地预测不同市场区域的商品需求，从而跟踪库存和销售价格，使企业节约大量的成本。此外，从生产能耗的角度看，企业在设备生产过程中利用传感器集中监控所有的生产流程，能够发现能耗的异常或峰值的情况，由此能够在生产的过程中不断实时优化能源消耗。总之，企业对运营数据的开发利用有利于加速构建其竞争的新优势。

3. 营销数据

营销数据包括客户、供应商、合作伙伴等数据。企业在当前全球化的经济环境中参与竞争，需要全面了解技术开发、生产作业、采购销售、服务、内外部后勤等环节的竞争力要素。大数据技术的发展和应用，使价值链上各个环节的数据和信息能够被深入分析和挖掘，为企业管理者和参与者提供看待价值链的全新视角，使企业有机会把价值链上更多的环节转化为企业的战略优势。例如，菲亚特汽车公司通过采用IBM的大数据解决方案，提前预测到哪些人会购买特定型号的菲亚特汽车，从而使目标客户的响应率提高15%～20%，客户忠诚度提高7%，54%的客户在第二次购车的时候仍然选择了菲亚特。这也说明企业通过应用大数据技术在客户服务这个环节产生了质变。

4. 外部数据

外部数据包括经济运行、行业、市场、竞争对手等数据。

企业生存在大的经济环境中，宏观经济、行业、市场以及竞争对手的情况都对企业的发展有着深远的影响。为了应对外部环境变化所带来的风险，企业必须充分掌握外部环境的发展现状以增强自身的应变能力。然而，随着宏观经济的不确定因素增多以及行业和市场的竞争加剧，企业很难快速掌握外部环境的实际现状。因此，大数据技术在宏观经济分析、行业市场调研中得到了越来越广泛的应用，已经成为企业提升管理决策和应变能力的重要手段。少数领先的企业已经通过为包括从高级管理者到营销人员甚至车间工人在内的员工提供信息、技能和工具，引导员工更好、更及时地在"影响点"做出决策。

二、集成的数据蕴藏知识

数据是事实或观察的结果，是对客观事物的逻辑归纳，是用于表示客观事物未经加工的原始素材。自然界和人类社会的万事万物都在源源不断地产生数据，而绝大多数的数据是难以通过人类自身条件和现有科技手段获取的。随着传感、通信、存储、计算等技术的发展，数据采集、传输、存储、分析、挖掘的手段越来越丰富，这些蕴含在自然界和人类社会中的隐性数据正在不断地显性化。

知识是人类在实践过程中认识客观世界的成果，包括客观世界的描述以及在教育和实践中获得的技能。20 世纪 50 年代，世界著名哲学家迈克尔·波兰尼发现了知识的隐性维度。与显性知识相比，隐性知识比较偶然、随意、难以捕捉，获取相对困难。但是，隐性知识是相对的，在一定条件下可以转化为显性知识，它对于一个人来说是隐性知识，对另一个人来说可能已经是显性知识。

对于一家工业企业来说，比同行业企业掌握更多的隐性知识往往是它们占据产业竞争制高点的关键。流程和系统的软件是工业知识自动化的核心技术之一，工业知识软件化的过程也是工业隐性知识显性化的过程。工业知识的软件化就是对物理世界难以解决的问题进行建模并在虚拟空间进行模拟仿真求解的过程。物理世界的问题被转化为数字模型，求解物理问题的算法被设计为一套软件，从各类信息系统中获取的数据成为模拟仿真的初始自变量。

三、集成的数据赋能转型

企业内部数据都被记录下来，通过各类软件和数据分析平台的加工、分析、集成，将会对企业运营、价值链提升乃至产品全生命周期管理产生直接的指导和控制作用。企业数据应用覆盖研发设计、生产制造、供应链管理、市场营销、售出服务等产品全生命周期的各个环节。在当前全球产能过剩的大环境下，企业面对的产品和服务需求越来越差异化、多元化，这大幅增加了研发设计、生产制造、产品服务等过程的不确定性、

多样性和复杂性，规模化、标准化、预制化的传统生产方式已经无法满足日益增长的定制化需求。承载着信息和知识的数据沿着产品价值方向自由流动，解决了企业面临的不确定性、多样性、复杂性等问题。

在研发设计环节，研发设计工具及管理平台的普及，有效整合了企业内部研发设计资源，也加速重构了企业传统的研发模式、重建企业创新业务的边界。当前，许多企业研发的定位正在从基于产品功能和性能的研发，向物料可采购性、客户需求实时响应性、产品可维护性、产品可盈利性转变。研发参与主体从单一的研发部门向制造、采购、营销等其他部门拓展，突破了原有研发部门的边界。研发创新流程从串行向并行转变，大大缩短了研发周期、提高了研发效率。华为借助协同研发平台构建的集成研发流程，解决了早期研发产品和规划的匹配度低、客户满意度低、产品方向决策失误频繁、版本混乱、开发效率低等问题，实现了由技术驱动向客户需求驱动的转变。波音公司通过大数据技术优化了设计模型，将机翼的风洞实验次数从 2005 年的 11 次缩减至 2014 年的 1 次。不同行业的大数据的应用目标和价值实现方式存在差异。流程制造业领域重在实现工艺优化，工业大数据的主要应用在于分析功能，深入了解历史工艺流程数据，找出工艺步骤和投入之间的模式和关系，对过去彼此独立的各类数据进行汇总和分析，评估和改进当前的操作工艺流程。离散制造业重在产品的协同设计与仿真模拟，工业大数据的主要应用在于采用数据存储、分析、处理等技术处理产品数据，建立企业级产品数据库，以便不同地域可以访问相同的设计数据，从而实现多站点协同、满足工程组织的设计协同要求。同时，企业将大数据技术与产品仿真排程相结合，提供更好的设计工具，缩短产品交付周期。

在生产制造环节，工业大数据主要应用在优化生产过程，其表现为3个方面。一是利用传感器集中采集生产流程数据，面向设备、生产线建立工厂模型，精准反映实时生产情况，以便进行故障分析和批次跟踪。二是通过工况历史数据分析比对，及时发现异常，实时对生产过程进行优化。三是通过智能的优化算法，实现生产计划与排程优化。大众汽车、西门子和德国弗劳恩霍夫应用研究促进协会合作了绿色车身技术创新联盟的项目，对机器人执行多种不同任务时的能耗进行了分析，然后根据分析结果，创建了一个模拟模型，为机器人计算出节电运动路径，节电高达50%。某生物药品制造商广泛收集与工艺步骤和使用材料相关的数据，应用大数据分析技术来确定不同工艺参数之间的相关性，以及参数对产量的影响，最终确定影响最大的9种参数，针对与这9种参数相关的工艺流程做出调整，从而把疫苗产量增加了50%以上。

在营销服务环节，企业可以利用大数据挖掘用户需求和市场趋势，找到机会产品，进行生产指导和后期市场营销分析。例如，建立用户对商品需求的分析体系，挖掘用户深层次的需求；

建立科学的商品生产方案分析系统，结合用户需求与产品生产，形成满足消费者预期的各品类生产方案等。再如，企业服务可结合工业大数据，促进企业从被动服务、定期服务发展成为主动服务、实时服务。例如，通过搭建企业产品数据平台，围绕智能装备、智能家居、可穿戴设备、智能联网汽车等多类智能产品，采集产品数据，建立产品性能预测分析模型，提供智能产品服务。

产业级数据融合

随着数字化进程不断加速，传统行业和新兴行业纷纷开始数字化转型，覆盖数据技术、数据产品和数据服务的数据产业渐渐兴起，数据资源逐步蜕变为数据资产，为经济和社会发展提供更加充足的"燃料"。从行业来看，2018 年按行业划分的全球企业数据的规模，制造业拥有的数据要素规模最大，达到 3584EB，占比为 20.87%；零售批发和金融服务的数据要素规模分别为 2212EB 和 2074EB，分别占比为 12.88% 和 12.08%；其后是基础设施建设、媒体与娱乐、医疗保健，数据要素规模为 1555EB、1296EB 和 1218EB，占比分别为 9.05%、7.54% 和 7.09%。

企业间的数据融合带来了数据的完整性、及时性、准确性和可执行性，推动数据—信息—知识—决策持续转化，数据会成为信息，信息会变成知识，知识会带来服务，数据到服务的转变依赖于数据的准确性、及时性和完整性，而数据的准确性、及时性和完整性来自于数据的开放、共享、集成。数据生产力的发展，则更强调在资源共享的条件下，长尾理论中蕴含的多品种产品协调满足客户的个性化需求，以及企业、产业间的分工协作带来的经济效益，这是一种追求多品种产品成本弱增性的范围经济模式。

互联网平台开放、共享、协同、"去中心化"的特征使企业不断地突破地域、领域、技术的界限，使技术、资金、人才等创新要素的汇聚更加迅速，大企业通过数据、设备、系统集成互联，打通企业内外部、企业之间以及产业链各个环节，实现与中小企业在细分领域的服务能力和创新能力整合共享，同时让更多的相关企业、客户甚至终端用户参与自身的研发设计和生产制造，促进产业链各个环节互联互通，构建多方参与、高效协同、合作共赢的产业体系。产业结构的变化促使传统企业的分工与协作逻辑发生改变，这要求企业注入新的管理理念以增强自身创新发展能力，通过优化发展战略重构价值体系。

一、链式数据融合

所有的企业都是产业链上的一环，如何构建一个面向产业链目标一致、信息共享、资源与业务高效协同的跨企业生产体系，是许多企业面临的共同挑战。伴随着信息技术应用不断深化，传统制造企业与产业链上下游企业的业务协同不断地被在线化、网络化，企业级的业务协同正在向产业链级的业务协同演进，企业内部的协同研发创新平台、供应链管理平台等不断

向产业链上下游拓展，实现跨企业业务系统的互联、互通、互操作，不断提升面向最终客户的产品和服务的质量和效率。

产业链企业间横向一体化可实现企业之间在研发、供应链的协同推进和无缝合作。横向集成是企业之间通过价值链以及信息网络实现的一种资源整合，是为了实现各企业间的无缝合作，提供实时产品与服务，解决诸如大规模信息传输、生产柔性等问题。其宗旨是利用信息技术推动产业链协同，实现企业上下游间的深化应用，推动企业间研产供销、经营管理与生产控制、业务与财务全流程的无缝衔接和综合集成，实现产品开发、生产制造、经营管理等在不同企业间的信息共享和业务协同。在产业链上，数据还用于实现产业链资源的高效配置和精确匹配，表现为通过对上游供应商和下游客户订单数据等信息进行分析，对制造资源需求和订单需求进行事前评估预测，优化库存和节省资源浪费。

制造业数字化、网络化步伐加快，不仅仅推动传统产业链合作从线下走到线上，而且不断催生出新的网络化协同制造的新业态、新模式，从产业链级的协同向构筑产业生态演进。航天云网平台、GE 公司的 Predix 平台、西门子的 MindSphere 云平台体现了产业生态的发展方向。协同表现在 3 个方面：一是企业间合作模式从传统的确定性长期固定合作向不确定性随机合作演进；二是网络协同平台的功能从传统的业务协作平台向产品、要素、能力的交易平台演进；三是网络协同平台从传统研发、供应链协同向制造、产品全生命管理等业务协同演变，从线性协作走向网络协作。

数据驱动的链式融合如图 11-2 所示。

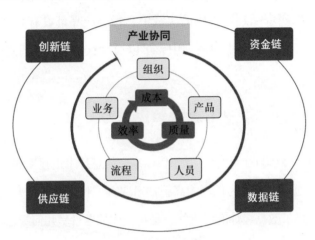

图 11-2　数据驱动的链式融合

二、端到端数据融合

端对端集成贯穿整个价值链，在所有终端实现数字化的前提下，端对端集成可实现价值链上不同企业之间的一种整合。价值链上不同企业资源的整合，实现了从产品设计、生产制造、物流配送、使用维护的产品全生命周期的管理和服务。在此情况下，客户从产品设计阶段就参与到整条生产链，并贯穿加工制造、销售物流等环节，可实现随时参与和决策，并自由配置各个功能组件。

无论是美国波音研制 787、洛克希德·马丁公司研制联合攻击战斗机（JSF），还是中国商飞研制 C919，都构建了面向

供应商的网络化协同研发平台，实现了多国、多地、多家研发人员的协同，其本质是企业信息系统集成边界的拓展，是企业资源优化的边界从内部走向全产业链、从封闭走向开放。在蒂森克虏伯实现端到端集成的实践中，每个产品都设有一个独有的编码，在产品全生命周期中，可以通过这个编码进行追溯。

生态级数据共享

自 20 世纪 60 年代至 70 年代以来，信息技术迅猛发展，以计算机、通信网络等为代表的高新技术取得了长足发展和大规模普及，点燃了数据爆炸的导火线，每年全球数据量呈几何级数增长。随着全球范围内个人电脑、智能手机等设备的普及，新兴市场内不断增长的互联网访问量，以及监控摄像机或智能电表等设备产生的数据暴增，IDC 咨询公司统计指出，2010 年全球产生的数据量仅为 2ZB，到 2025 年全球每年产生的数据量将高达 175ZB，相当于每天产生 491EB 的数据，年均增长 20%。伴随着 3G、4G、5G 的大规模普及，移动通信流量快速增长。2014 年第一季度全球移动数据消费量仅有 23 亿 GB，到 2019 年第四季度全球移动数据消费量已达到 396 亿 GB，5 年时间里增长了 17 倍以上。

数据总量趋近于无限，快速增长的数据资源蕴含着巨大价值。数据极具流动性，复制使用的边际成本很低，使用过程中数据非但不会被消耗，反而产生更多的数据；作为基础性资源，数据还能大幅提升其他要素的生产效率，快速释放数据红利，为数字经济培育新的增长点。数字化、网络化、智能化带来了感知无所不在、连接无所不在、数据无所不在，各种资源逐步形成一个相互作用的复杂系统网络，正在构造成一个复杂系统。

一、无所不在的数据采集

我们正在进入无所不在的感知时代。现在的智能终端集成加速度、陀螺仪、亮度、地磁传、方向、感器、压力等多种传感器和摄像头、GPS、Wi-Fi 等连接性器件。全球大约有 300 亿的 RFID 标签，2 亿的智能仪表，每年销售数亿部 GPS 设备，至少有 1 亿个摄像头在角落静静地"看"着这个世界，网上搜索、浏览、购物、邮件随时随刻都在被记录。无处不在的数据采集如图 11-3 所示。

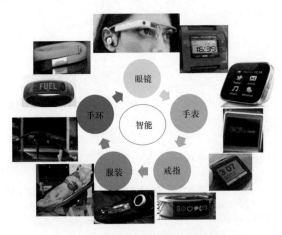

图 11-3　无所不在的数据采集示例

二、无所不在的数据互联

无所不在的感知将会带来无所不在的连接。固定网络、移动网络、无线网络、物联网络、卫星覆盖了世界的每一个角落，过去的通信是人和人的通信，是70亿人和70亿人之间的通信。如今，人和物的通信在不断加快实现，70亿人和百亿量级的智能终端之间的通信正在形成的过程中。未来将会出现物和物之间的通信，可能是1000亿和1000亿量级上的通信。现在5G正在加快普及，可以用3个核心数据来描述5G：一个是10毫秒的连接，即终端跟网络之间的连接速度更快；一个是10G的下载速度；还有一个就是1000亿的终端，即5G将会有1000亿个终端连接，连接的不是人，而是物体，是IoE的设备，因此说5G带来的首先是一个物联网，其次才是一个人和人之间交流的平台。

以上是从技术角度来考虑的，如果从国际社会关于产业竞争制高点的角度考虑，那么也有很多新的概念，例如能源互联网、产业互联网、"工业4.0"等，这些概念的核心也是物和物的互联互通。在德国考察过程中，我们曾与德国"工业4.0"的发起机构进行了交流，这些机构包括德国机械设备制造业联合会（VDMA）、德国信息技术、通信与新媒体协会（BITKOM）和德国电子电气制造商协会（ZVEI），还包括SAP、西门子、宝马、博世等企业。在交流过程中，其中一家德国企业认为"工业4.0"就是连接，首先是设备和设备的连接，从单机设备到设备的生产线再到智能生产车间，其次是设备和加工对象之间的连接，最后是产品全生命周期的维护。连接是"工业4.0"的核心理念。

三、无所不在的数据汇聚

连接无所不在，感知无所不在，结果就是数据无所不在。可以说，现在是一个被记录的时代。在互联网上，个人行动轨迹、交易行为、搜索痕迹、浏览记录、兴趣爱好、消费层次等都会被记录下来。现在也是一个隐形数据显性化的时代，数字化、在线化、碎片化成为新的特征。据统计，全球每秒钟发送290万封电子邮件，每天会有2.88万个小时的视频上传到视频网站，推特上每天发布5000万条消息，亚马逊上每天产生630万笔订单。与此同时，个人数据流量消费也在快速增长。我们再从汽车产品来看，未来一辆运动中的车将源源不断地生产越来越多的数据，它拥有多部摄像机、多部雷达、4个网络（人车网、车内网、车车网、车路环境网），谷歌的无人驾驶汽车每秒可以收集750MB的传感器数据。无论是人还是设备，每时每刻都在产生大量的数据，这些数据都可以用传感器来获取。

不仅企业、个人装备、智能化设备在产生数据，而且政府也是重要的数据产生源和使用者。政府在管理服务中积累了大量数据，数据的采集粒度越来越小，所采集的数据类型越来越多，数据的精细化程度越来越高，每年处理的数据呈指数级增长，北京对过去的数据情况做过统计，结果是全市过去两年所采集的数据是目前所拥有数据总量的90%。政府掌握着气象、交通、医疗、教育、物价、社保等民生领域数据，掌握着公民征信、金融监管等金融领域数据，掌握着食品、药品生产等监管数据，掌握着国家经济发展、居民收入等统计数据，总的来说，政府是整个社会的重要数据来源。

四、无所不在的数据挖掘

企业利用信息技术把研发设计、制造装备、工艺流程、产品服务等生产资源和过程不断数字化并在赛博空间优化企业生产经营全要素、全流程的过程。赛博空间过程优化的实时高效、零边际成本、灵活构架等特点和优势，从根本上变革了资源配置方式，提高了配置效率，也从根本上变革了企业组织的运转方式。企业将数据作为企业画像构建的核心基础资源，也为企业管理量化提供了一手信息。获得广泛数据是智慧决策的第一步，数据作为一种新的管理要素，与传统的技术、业务流程、组织架构相互影响、相互作用，支撑企业的业务创新、管理创新和战略优化，使管理更加高效精准。

当感知无所不在、连接无所不在，数据必将无所不在。所有的生产装备、感知设备、联网终端，包括生产者本身都在源源不断地产生数据，这些数据将会渗透到产品设计、建模、工艺、维护等全生命周期，也会渗透到企业的生产、运营、管理、服务等各个环节，以及供应商、合作伙伴、客户等全价值链。承载着信息和知识的数据沿着产品价值方向自由流动，是解决不确定性问题的关键。数据自由流动的背后需要制造全过程的隐性数据显性化、隐性知识显示化，实际上就是把正确的数据在正确的时间以正确的方式发送给正确的主体，非生物智能系统构建数据自动流动体系的重点是构建一套完备的数据采集、传输、分析和决策体系。数据作为新的生产要素资源，正加速驱动资源配置优化、生产方式变革、产业生态重构，推动经济社会发生质量变革、效率变革、动力变革，对经济增长、社会进步、民生改善等产生着深刻影响。与此同时，数据开发利用不深入、流通共享不充分、管理执行不到位等问题仍制约着数据动能的充分挖掘，数字经济的巨大发展潜力尚未完全释放。

第十二章

数据裂变：重塑价值网络

数字孪生化产业体系

在生物学上，细胞裂变是一个细胞分裂形成两个细胞的过程，是源源不断产生新细胞的过程，是构建新的组织、系统和生命体的重要基础。数据裂变是一个抽象概念，在数据自由流动的过程中，带动物质、技术、人才、资金等要素资源，从而构建一个新的价值网络。2020年《政府工作报告》明确提出要"培育技术和数据市场，激活各类要素潜能"。数据是人类改造自然的新型能力，正成为一种新的生产力，正引发人类认知新规律、发现新现象、创造新事物等方式的根本性变革，必然会对产业创新、经济发展、社会治理等产生深层次的影响。未来，越来越多的比特化的数据正在更加逼真地描述、优化物理世界的运行，这场数据变革才刚刚开始。

数字孪生的概念来源见表 12-1。

表 12-1　数字孪生的概念来源

机构	概念
美国国防军需大学（DAU）	认为数字孪生是一种超越现实的概念，可以被视为一个或多个重要的、彼此依赖的装备系统的数字映射系统。它将物理世界的参数重新反馈到数字世界，从而可以完成仿真验证和动态调整
曼彻斯特大学	认为数字孪生是一件成品的综合模型，可反映产品的所有生产缺陷，同时该模型还将随着产品的使用持续更新，反映产品的消耗磨损情况
密歇根大学	认为数字孪生是基于传感器建立的某一物理实体的数字化模型，可模拟显示世界中的具体事物
埃森哲	认为数字孪生是指物理产品在虚拟空间中的数字模型，包含了从产品构思到产品退市全生命周期的产品信息
德勤	认为数字孪生是以数字化的形式对某一物理实体过去和目前的行为或流程进行动态呈现（建立全面实时联系）
VANTIQ 平台	认为数字孪生是数字领域中存在的一种资产模型

数字孪生是综合运用感知、计算、建模等信息技术，通过软件定义，对物理空间进行描述、诊断、预测、决策，进而实现物理空间与赛博空间的交互映射。工业生产实时产生着海量工业数据，这些数据具有多维度（外观、工差、定位、物性等）、强关联的特征，然而目前企业缺乏对这些数据进行整合的手段。数字孪生使产品各维度的数据紧密关联，使数据和机理模型相融合，打通了产品设计、制造、销售、运维、报废回收的全生命周期，助力构建工业数字空间。以数字孪生体为核心的工业互联网体系架构如图 12-1 所示。

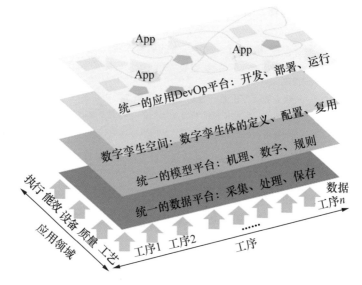

图 12-1 以数字孪生体为核心的工业互联网体系架构

一、数字孪生单元

1. 设备状态监测

企业基于物理设备的几何形状、功能、历史运行数据、实时数据进行数字孪生建模，改变设备运行的"黑箱"状态，实时监测设备各部件的运行情况。例如，东方国信基于 Cloudiip 构建炼铁高炉的数字孪生体，实时监测锅炉的运行情况，分析高炉使用效率和煤气利用率，提升锅炉使用效率达 30%，降低煤炭消耗 20%，降低单座高炉冶炼成本达 2400 万元 / 年。

2. 远程故障诊断

数字孪生体将实体设备的运行情况与故障诊断模型库相连，利用机器学习技术和知识图谱技术分析数字孪生体的情况，实现实体设备的故障检测、判断、定位与恢复。例如，华龙讯达为曲靖卷烟厂构建"以虚控实、精确映射"的数字孪生体，帮助企业及时发现和排除设备故障，减少物料消耗，提升设备的有效作业率。

3. 预测性维护

企业通过分析数字孪生体的内在性能参数，预判实体设备零部件的损坏时间，主动、及时和提前提供维护服务，避免设备非计划停机带来的损失。例如，徐工集团基于汉云工业互联网平台，构建每台设备的数字孪生画像，实时感知设备运行状态，提前判断零部件的损坏时间，及时主动进行维护，使设备故障率降低50%。

二、数字孪生产线

1. 精益研发

数字孪生构建了一种新的"零成本试错"的研发方法，通过在赛博空间进行研发、测试、验证，实现研发成本大幅降低。

基于数字孪生的精益研发，目前广泛应用于航空航天、高铁行业。例如，传统的火箭发动机研制 75% 的成本花在了"试验、失败、修改"上，SpaceX 公司在赛博空间构建了火箭研发的数字孪生体，以基于数字孪生体的试验替代了大量传统实物试验，提高研制效率，将火箭发射成本降低到原来的 1/10 以下。

2. 智能生产

在新产品实际生产前，企业可以在赛博空间模拟生产，找出最优的生产计划排程和最优的生产方案，指导实际生产，缩短新产品导入周期。例如，西门子公司根据每位顾客的体重、挥杆姿势、力量等，个性化定制卡拉威高尔夫球杆。通过在赛博空间模拟生产，找出最优生产方案，使球杆定制成本不增加，上市周期从 2～3 年缩短为 10～16 个月。

3. 精益管理

企业通过对管理各个要素和各个环节的数字孪生，发现和优化低效的管理流程，提高管理效率，目前这已被广泛应用于能源行业。例如，壳牌、卢克、英国石油（BP）公司等石油企业纷纷将数字孪生模型应用于海上油田管理。BP 公司利用 APEX 数字孪生体，模拟原油采集和流动情况，优化流速、压力等参数，将过去需要 24 小时才能完成的系统优化过程缩短到 20 分钟，2018 年 APEX 使 BP 公司的基准产量每天增加了 19000 桶。

三、数字化产业链

1. 网络化协同

实时动态感知供应链运行情况，识别和优化低效运行流程，实现产业价值链的增值。例如，轴承制造商 SKF 构建了全球供应链网络的数字孪生模型，员工通过分析实时同步的、可视化的供应链运行情况，就可以协调全球供应商的生产规模和运营计划，实现供应链的全球化协同。

2. 个性化定制

在营销、研发、生产阶段，企业可以在赛博空间构建数字孪生人、数字孪生产品和数字孪生工厂，实现基于用户画像的个性化精准营销、基于虚拟产品体验的定制化设计、基于预先虚拟生产的快速排产，从而发现目标客户，提高用户参与度，缩短生产时间，降低定制成本。例如，达索公司建立了基于数字孪生的 3D 体验平台，宝马、特斯拉的客户可以沉浸式体验汽车的外观与性能，进行个性化设计。同时，企业可将客户的设计方案实时传输到生产车间，在实际生产前进行虚拟生产，找到最优生产计划，指导实际生产，缩短生产周期。

3. 服务化延伸

远程操控数字孪生体，从实物获取数据并提供衍生服务，

催生了按产品运营效果付费、按授权服务付费、按软件服务付费、按咨询服务付费，以及按互联网金融付费等新商业模式。例如，农业机械制造商约翰迪尔公司利用数字孪生技术，通过分析挖掘农业机械收集的设备状态数据以及气象、土壤、种子等数据，帮助农场主做出科学的农耕决策，从出售产品变为出售全套的农耕服务。

数据密集型企业形态

企业竞争的本质是在不确定环境下为谋求自身生存与发展而展开的对资源争夺的较量，竞争的内在动力决定了企业需要适应动态变化的市场环境，不断巩固和增强自身的竞争优势。企业竞争正从要素、市场、技术等资源竞争向数据资源竞争转变，数据成为企业占据产业竞争制高点的核心驱动，未来将是数据密集型企业的舞台。

所谓数据密集型企业，并不仅仅是指对于数据资源的富集，更多是指数据驱动，也就是数据在企业内部自由流动。当企业采集到客户需求的数据之后，数据就在企业内部的研发设计、物流配送的每一个环节中流动，这些数据不断地被加工、处理、执行，在这个数据流动的过程中，会形成无数个闭环，把正确的数据在正确的时间以正确的方式传递给正确的人和机器。麦肯锡也曾提出过相关的概念，即 ICT 行业、金融业、零售业、公用事业等行业属于数据密集型行业，而低端制造业、农业、建筑业等行业属于非数据密集型行业。

企业竞争追求的是生存、发展与壮大，企业竞争的本质就是在不确定的市场环境下企业资源配置效率的竞争。企业资源配置效率的提高面临的重要挑战是需求和生产活动的不确定性。随着技术的更新换代和市场需求的快速升级，企业资源配置效率面临的问题越来越复杂，优化资源配置的决策难度越来越大。企业面临的不确定性增加主要来自以下 3 个方面。

1. 产品本身的复杂性

随着制造技术、材料技术、生物技术等基础科学的不断创新突破，人类制造能力跃上新的台阶，汽车、大飞机、远洋船舶、精密机械等复杂产品成功生产，产品的结构日趋复杂，尤其是万物互联时代的到来加快了产品功能的复杂性。现代产品是集软件、电子、机械、液压、控制于一体的技术系统，产品设计、生产、维护的难度越来越高，产品的研发组织充满了不确定性。

2. 市场需求的复杂性

随着人们生活水平的不断提高，人们开始追求差异化、定制化的产品和服务，这就要求制造企业需要从传统的大规模标准化生产向适应用户个性化定制和体验式消费的新型生产方式

演进，生产将经历按订单销售、按订单装配、按订单制造、按订单设计等阶段，制造企业资源优化配置需要应对市场需求波动和用户定制要求的不确定性。

3. 供应链协同的复杂性

随着全球化的发展，企业制造分工日趋细化，产品供应链体系也越来越庞大。庞大复杂的供应链给企业的资源优化配置带来了巨大的不确定性，如果某个环节出现问题则会影响整家企业的生存和发展。

企业竞争正从要素、市场、技术等资源竞争向数据竞争转变，数据成为企业占据产业竞争制高点的核心驱动要素。从数据资源的角度来看，当感知无所不在、连接无所不在，数据也将无所不在。所有的生产装备、感知设备、联网终端，包括生产者本身都在源源不断地产生数据资源，这些数据资源渗透到产品设计、建模、工艺、维护等全生命周期，也渗透到企业的生产、运营、管理、服务等各个环节，以及供应商、合作伙伴、客户等全价值链。数据资源正在成为企业生产运营的基石。

从数据管理的角度来看，数字化转型逐渐成为企业在数字经济时代的必经之路，而数据管理能力则是数字化转型中的核心能力。数据主导的竞争态势要求企业将数据提升至会计、财务、管理等职能同样的战略定位，并在未来成为企业运作的基本准则。

从数据驱动的角度来看，企业通过分散在设计、生产、采购、销售、经营及财务等部门的业务系统对生产全过程、产品全生命周期、供应链各环节的数据进行采集、存储、分析、挖掘，确保企业内的所有部门以相同的数据协同工作，从而通过数据价值再造实现生产、业务、管理和决策等过程的优化，提升企业的生产运营效率。

一、液态组织

人类发展史就是一部协作史。回顾人类从游牧社会、农耕社会到工业社会的演进历程，人类社会的生产方式、生活方式和管理方式发生了巨大的变革，这是基

> 液态组织是一种全新的分工／协同模式，一种能够自我组织、自我适应的组织形态。在数字化和智能化的技术条件下，液态组织可以轻易地突破边界的束缚，同时保持旺盛的活力，它正在取代固有的科层组织架构。

于信息能力提升所带来的分工和协作水平深化，人们得以在更广的范围、更多的群体之间加强合作，以化解自然和社会中的种种不确定性。农耕社会，人类告别了采集狩猎、刀耕火种的时代，进入以种植农作物、饲养畜牧为生的社会，文字和印刷术的出现构建起新的信息交互方式，社会分工和组织协作水平大幅提升，人类应对食物来源的掌控能力大大增强。伴随着种植业的产生与发展，粮食供给增加、人口增长，人类社会的复杂程度相比于游牧社会更加复杂、协作水平大幅提高，人类生产生活的单位从几百人的部落演进到几万人、几十万人的城镇，人们可以

根据需要组织几十万人的大型协作。

进入工业社会，人类社会在科学、技术的推动下加速演进。纵观工业社会近 300 年来的发展历程，人类分工协作水平不断深化，从熟人分工协作演进到陌生人之间分工协作，从封闭的经济体系走向开放的经济体系，从小尺度的合作空间走向全球化的合作空间，从几百人的协作生产体系演进到几十万人的协作生产体系，开启了大制造、大零售、大流通的新时代，基于现代交通运输体系的福特制＋沃尔玛成为现代社会协作的基本模式，工业时代组织内部协作体系中的员工已达到几十万到上百万人，外部的供应商已达到成千上万，分支机构遍布全球各地。伴随着工业化深化，新的协作组织不断涌现，需求方面临着海量的供给信息，供给方面临着海量的消费需求，无论是生产方、消费方，还是需求方、供给方，以及成千上万的市场经济活动的相关参与者都面临着需求的多元化发展。工业革命孕育的市场经济本质是如何在高度不确定性的环境中实现科学决策。哈耶克认为，市场经济就是一个信息处理系统，大量的独立个体通过价格发现机制，基于各种有限、当地化、碎片化的信息进行决策，优化资源配置。

进入数字经济时代，伴随信息通信技术的推广普及，人类大规模协作的广度、深度、频率进入了一个新阶段。从计算机的诞生到互联网的普及，从人人互联到万物互联，从人工智能到区块链，人类正在重建外部世界信息感知、传播、获取、利用的新体系，重构分工协作的基础设施、生产资料、生产工具和协作模式，信息在组织内部的管理、监督以及外部交易、协作中的成本不断降低、协作模式不断创新，企业边界正在被重新定义，科层组织正在被瓦解，产销者不断涌现，微粒社会正在来临，平台经济体迅速崛起，人类社会已经从工业社会百万量级的协作生产体系演进到数千万、数亿人的协作生产体系，这也促进了产业分工不断深化。

为适应互联网等新技术带来的重大变革以及市场需求环境复杂多变的挑战，企业将更多以互联网平台为载体，连接企业内部管理者、执行者以及企业外部的合作方、用户等各类主体，组织结构的外部形态和表现形式将向扁平化、"去中心化"、无边界化的方向演进。苹果、腾讯等一批互联网企业打造了一个巨型的产业生态系统，聚集了全球上百万个开发者，构建了新的生产组织方式。

1. 扁平化

为应对快速变化的市场环境，企业开始通过破除公司自上而下的垂直结构，减少管理层次，增加管理幅度，裁减人员，从而建立一种紧凑的横向组织，从而使组织变得灵活、敏捷、富有创造性。扁平化组织模式缩短了企业最高决策层到一线员工之间的距离，增强了企业各层次之间的沟通，降低了企业的运营成本，还提高了企业的运行效率，提高了企业对市场需求的反应速度。

与此同时，扁平化组织模式使企业对权利进行了再次分配，中下层管理人员甚至普通员工在一定程度上也可以参与决策，有效促进了员工之间的沟通协作，激发了员工的工作热情和创新潜力，增强了企业的凝聚力。企业组织的扁平化如图 12-2 所示。

图 12-2　企业组织的扁平化

2. "去中心化"

凯文·凯利说："所有企业都面临死亡，但城市却近乎不朽。"城市的不同在于其结构是"去中心化"的。城市的永恒之道是，提供若干条件，让无数个人能够利用各种资源，在各种团队中自由成长、壮大，从而形成一种能量自我循环的生态。与此类似，企业可以在互联网的作用下实现人、财、物等资源要素相互连接，企业的研发生产等流程不再单单以管理层为中心，而是形成各部门或团队自由组合、相互协作的"去中心化"模式。华为正在适应"互联网+"时代的精简组织结构，将从中央集权变成小单位作战，不断缩小作战单元，让前方听得见炮火的人指挥战争。

3. 无边界化

以前的企业壁垒较高，外面的资源很难进去，里面的资源也很难、很好地和外面融通。随着互联网、大数据、人工智能等新一代信息技术的加速融合渗透，企业开始从封闭型向开放型转变，企业的边界产生了很大的变化，企业内外部形成一个网状的交融，使企业边界变得更加模糊化、弹性化、无边界化。企业组织的无边界化如图 12-3 所示。

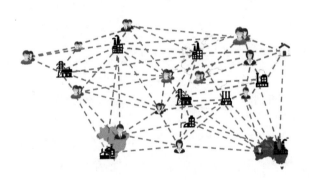

图 12-3　企业组织的无边界化

二、柔性流程

在数字经济时代，很多传统企业出现效率低下，无法适应快速变化的市场需求等情况，这要求企业充分了解当前发展所处的环境，结合自身特点和战略目标，找出存在的问题和差距，以客户为中心，开展纵向、横向、端到端的流程优化，实现信息流、资金流、物资流、人才流的畅通运行。生产组织正

从单个企业向跨领域、多主体的协同创新网络转变，业务流程正从线性链式向协同并行转变，创新模式正从单一的技术创新向技术创新与商业模式创新相结合转变，跨领域、跨部门的网络化协同组织模式竞相浮现。企业通过互联网技术消除了内部各部门之间以及与外部的边界，从而有效整合了各业务流程所需的知识、技术、信息等资源，同时直接面向市场需求，以消费者为中心进行精准生产服务，使得企业组织运行更加柔性。通过互联网、大数据、人工智能等新一代信息技术的应用，企业加快了各业务流程中间环节的转换，并对其他工作进行简化整合，从而提升了企业运行的敏捷性。

1. 数据驱动的创新

在数字经济时代，对客户现实需求和潜在需求的深度挖掘、实时感知、快速响应、及时满足水平已成为企业新型能力的分水岭。无论是工业 4.0 所强调的端到端集成，还是工业互联网所关心的效率提升；无论是传统企业信息化转型中的去分销商化，还是在互联网思维中孕育的"粉丝经济"，其核心都在于打造面向客户需求、客户体验的感知能力和转化能力，这依赖于需求—数据—功能—创意—产品链条数据联动的速度、节奏和效率。

2. 数据驱动的生产

在生产过程中，无所不在的感知、无所不在的连接必然带来无所不在的数据，智能装备的自感知、自决策、自执行奠定了从单机智能化到智能生产线、智能工厂的基础。生产线、生产设备的数据可以用于对设备本身进行实时监控、实现工业控制和管理最优化。在采购、仓储、销售、配送等供应链环节上，极大地减少库存、改进和优化供应链。随着销售数据、供应商数据的实时变化，不断动态地调整优化生产、库存的节奏和规模。数据驱动的智能化生产模式，带来了个性化定制、服务型制造以及分享制造，重构了整个生产体系。

3. 数据驱动的决策

企业间内部数据的横向集成以及企业间数据的纵向集成，带来了数据的完整性、及时性、准确性和可执行性，推动数据—信息—知识—决策持续转化，构建企业运营新机制。数据会成为信息，信息会变成知识，知识会带来服务，数据到服务的转变依赖于数据的准确性、及时性和完整性，而数据的准确性、及时性和完整性来自于数据的开放、共享、集成。企业竞争的本质是在不确定的环境下为谋求自身生存与发展而展开的对资源争夺的较量，对企业在劳动、技术、数据等不同生产要素构成比重差异进行分析可以发现，技术正逐渐向数据让渡，并处于企业竞争核心要素的地位。

三、创新制度

在传统企业中，领导指示什么就做什么，领导考核什么就做什么，已经成为员工的工作习惯，然而严格的绩效有可能带来一定成效，但也一定会扼杀创造力。智慧型企业将从考核绩效转向激励价值创造转变，剔除阻碍企业创新发展的老旧制度，创新激励机制，确保企业的稳定发展。互联网从根本上改变了企业员工知识获取、工具使用、创新创业的方式和能力，通过共享创新资源、优化供需对接、减少中间环节、推动开放普惠等方式深刻改变生产关系，促使企业不断优化资源配置方式、组织管理模式和收入分配机制。合伙人制、契约人制、合弄制等新型劳动关系的涌现，使企业内部员工能够凭借知识、技能、劳动等个人能力资本入股企业，同时，企业自身将发展成为创业平台，为上下游企业、供应商、消费者、创客等提供成为合伙人的机会。人才是推动生产力发展的决定性因素，企业需要建立以人为本的组织架构和分配机制，充分调动人的积极性、主动性和创造性，集众智、汇众力，激发创新创业活力。

传统组织的边界是资源管理、优化的边界，企业内部数据共享为打破部门边界、重建企业内部资源管理边界和优化管理模式创造了条件。企业在数字化转型的过程中构建了万物互联的环境，人与人、人与设备、设备与设备以及数字世界和物理世界之间更加互联互通，基于连接的资源共享、业务优化、运营组织方式将会发生变化，展现在企业面前的是一个泛在的商业网络，新的环境要求企业必须革新组织体系，将互联环境的原则植入运营机制，为网络化生存创造条件。

零工创客式就业模式

越来越多的个体将成为知识工作者，个体的工作与生活也将更加柔性化，家居办公（Small Office，Home Office，SOHO）式工作、弹性工作等新形态将更为普遍。从一个个体来看，逐渐呈现出自由连接体的新形态。越来越多的个体成为知识工作者，人人都是某个领域的专家，这将让个体的潜能得到极大释放，每个人的特长都可以在市场上"兑现"。同时，个体的工作与生活也将更加柔性化。工业时代的工作、生活、学习割裂的方式，以及个体无法柔性安排工作与生活的状态也将得到很大改变，类似于工作、生活、学习一体化的 SOHO 式工作、弹性工作等新形态将更为普遍。当然，"人人都是专家""人人也都必须要成为专家"，这既意味着某一能力的优异，也意味着要像专家那样"每个人都是自己的 CEO"——自我驱动、自我监督、自我管理、自我提升。放眼更长远的未来，"个体作为经济主体的崛起"，更是一个宏大历史进程的一部分。弗里德曼在《世界是平的》一书中也认为："如果说全球化 1.0 版本的主要动力是国家，全球化 2.0 的主要动力是公司，那么全球化 3.0 的独特动力就是个人在全球范围内的合作与竞争……全世界的人们马上开始觉醒，意识到他们拥有了前所未有的力量，可以作为一个个体走向全球；他们要与这个地球上其他的个体进行竞争，同时有更多的机会与之合作。"

一、新个体经济

个体经济原指劳动者从事个体劳动和个体经营的私有制经济，具有规模小、流程简单、经营灵活等特点。数字经济时代，个人经济随互联网平台发展而持续壮大，越来越多的个体积极融入平台的设计、生产、营销、服务等环节，通过共享平台各类资源、分享平台收益，实现自我就业模式创新，使得个体经济绽放出新的发展活力。

随着个体对于知识和信息的把握，以及个体能力借助于技术发挥得更加强大的时候，成员不再依赖于组织，而是依赖于自己的知识与能力。成员与组织之间的关系，也不再是层级关系，而是合作关系，甚至是平等的关系。这些改变，意味着雇佣关系已经开始解除，人们之所以还在一个组织中，是因为组织拥有资源与平台，倘若资源与平台进一步社会化、网络化，个体的自主性就会更加被显现出来。企业将会从金字塔式的科层组织重塑为以创业小微为基本单元的"创客工地"，员工从被动接受指令的执行者转变为主动为用户创造价值的创客和动态合伙人。企业通过建立新的组织模式，让员工拥有更多的机会和更广阔的舞台发挥自身优势，争当自己的 CEO，从而充分释放个人的潜在能力。海尔集团充分把握了"人人创客"理念，将企业人员分为平台主、小微主和创客三类，平台主是平台管理者，小微主是小微的负责人，创客是小微的员工。创业小微作为海尔的基本单元，是独立运营的个体，享有决策权、用人权和分配权，在市场竞争中优胜劣汰、创新发展。经过体制重塑和人员分流，虽然海尔在册人员比最高峰时减少了 45%，但是海尔平台为全社会提供的就业机会超过 160 万。

基于网络的大规模、多角色、实时互动协作机制正在兴起，开放、对等、共享以及全球运作正在取代旧的商业教条，对原有的生产组织体系、企业边界以及劳动雇佣关系形成了新一轮的冲击，全球新型社会化分工协作组织模式正在形成。波音制造的"梦幻 787"飞机研发生产实现了来自 6 个国家 100 多家供应商数万人的在线协同研发，中国网约车每天也实现了 2000 万级出行人口与司机的业务协同。"双 11"是阿里平台数亿消费者、3600 万各类主体广泛参与的协作体系。

当前，个体经济发展迅猛。北京大学发布的《中国个体经营户系列报告》显示，2019 年中国共有 7.99 亿就业人口，其中个体就业人数高达 2.3 亿，近 5 年来个体经济吸纳新就业占比达 68.5%。其中，电商、新媒体、即时物流、网约出行等领域的新个体经济发展较为成熟，个体经济崛起与平台发展壮大的纽带关系日益紧密。社交电商已成为孕育个体经济的重要载体，据不完全统计，2019 年社交电商从业者规模高达 4800 多万人，从业人数同比增长 58%。通过新媒体平台进行直播营销、短视频营销的个体经营者数量大幅增加，有关资料显示，中小型自媒体发布者数量占自媒体平台总用户规模高达 70%。以外

卖配送、同城速递为代表的即时物流高速增长，其规模已超过快递行业总量的四分之一，其中，80%以上的从业人员为"80后""90后"男性，快递配送已成为这些人群谋生的重要手段。

二、副业创新

副业创新是个人劳动者在本职工作之外，利用业余时间参与互联网平台创新活动并按照贡献获得收益的过程，其特点是依然具备"在岗"特征、拥有固定劳动关系、利用业余时间进行的非专职化"打零工"模式。新冠肺炎疫情期间，许多个人乃至中小微企业依托社交平台、自媒体平台、创客平台等渠道分享知识、兼职创业，激发了以微电影、微健身、微旅游、微应用、微创新等为代表的"微经济"发展活力，成为数字经济中最为活跃的新兴力量。

据领英 2020 年 3 月开展的职场调查显示，我国职场人副业和兼职比例高居全球第二，其中，因疫情延期复工 / 在家办公期间，职场人开展或计划开展副业和兼职占比超 60%；促使人们开展副业的主要原因有 56% 的被调查者想要拓展更多的职业选择，62% 的人想增加收入，42% 的人想尝试新鲜事物；职场人会在疫情结束后继续兼顾副业的人占比达 78%。

相关研究表明，副业创新的人群受教育程度普遍高于传统灵活就业者，年轻化趋势更加明显。女性用户群体的接受度和创新积极性较大。据阿里巴巴数据显示，淘宝平台女性店主

2018 年年均交易金额超 20 万元，相比 2014 年增长超过 1 倍，比男性店主增幅高出三成。

三、灵活用工

灵活用工在不同行业发展各有差异。从行业类别来看，互联网行业因为业务快速增长而催生出大量的用工需求，成为灵活用工应用率最高的行业。文化传媒行业凭借直播、短视频等新业态爆发，成为灵活用工率较高的行业。从岗位类别来看，销售、行政岗位的灵活用工渗透率均达 40% 左右。从执业人群来看，灵活用工的雇佣形式多为合同工、自由职业者和兼职人员，年轻化、低学历和女性占比大多是这类人群的主要特点。

尤其是新冠肺炎疫情以来，"公司＋员工"的传统劳动雇佣关系受到前所未有的冲击：对大部分企业来说，假期延长、经济停滞、消费萎靡、产能不饱和，即便如此，企业依然要承担人员工资、"五险一金"等显性成本，以及离职补偿金、对接新的供应链等隐性成本。相比之下，快递物流、生活外卖等行业企业因为需求暴增，用工短缺问题突显。为了应对突然爆发的人力资源危机，灵活用工成为这些企业突破困境的新选择。

当前，西方发达国家的灵活用工雇佣模式已经十分成熟。据国际私营就业机构联合会（CIETT）2017 年调查数据显示，日本的灵活用工行业渗透率为 42%，居全球首位，其次为美

国，灵活用工行业渗透率约为 32%，相比之下，我国灵活用工行业渗透率在除去劳务派遣后仅为 1%。但自 2015 年起，我国灵活用工热度骤升，据不完全统计，2018 年全国市场规模达 400 亿元，预计2018—2025 年市场复合增长率可达 23% 以上，发展前景十分广阔。

后记

2020 年 4 月，中共中央 国务院印布了《关于构建更加完善的要素市场化配置体制机制的意见》，明确提出"加快培育数据要素市场"，强化数据作为生产要素的重要性，为数据赋予新的历史使命。随着数据日益成为驱动经济社会发展的重要生产要素，如何进行有效的数据治理、推动数据开发流通和高效配置成为最大化释放数据要素价值的核心命题。工业数据作为新的生产要素资源，支撑供给侧结构性改革、驱动制造业转型升级的作用日益显现。特别是在工业企业的数字化转型进程中，工业数据的有效治理具有极其重要的作用，正在成为实现质量变革、效率变革、动力变革的新引擎。

为贯彻落实国家大数据发展战略，促进工业数字化转型，激发工业数据资源要素潜力，工业和信息化部信息技术发展司于 2020 年 2 月印发了《工业数据分类分级指南（试行）》，指导企业提升工业数据管理能力。2020 年下半年，为推动《工业数据分类分级指南（试行）》落地实施，组织 150 家企业开展了工业数据分类分级应用试点示范工作，采用现场指导与远程协助相结合的方式，帮助应用试点企业进行工业数据的分类梳理和定级分析，推动召开宣贯培训会9场，收集分类分级信息108份，赴企业现场支撑42家，遴选优秀案例28个，在引导企业加强数据管理、检验指南内容等方面取得预期成效。与此同时，为进一步辨析工业数据的概念内涵，摸清我国工业数据治理的发展现状，加速推进工业数据的资源资产盘点、分类分级管理和高效开发利用，我们组织了专门团队，克服了新冠肺炎疫情对调研走访等的影响，历时一年多时间，经反复研讨、多次修改，最终形成了《数据为王：打开工业数据治理之门》。

在本书编撰过程中，数据治理领域专家、各行业企业一线工作的许多同志提出了大量宝贵的意见和建议。蔡春久、左晓栋、谭海华等同志参与了框架观点的讨论，为完善本书的框架体系和案例内容等提出了许多宝贵的意见。周睿康、黄丹、郭娴、姚相振、李尧、袁晓庆、孔令瑶、宋颖昌、张朝、孙刚等同志为工业数据分类分级工作和书稿完善提出了很多建设性建议。中国石油和化学工业联合会、中国纺织工业联合会、中国建筑材料工业规划研究院、中国工程机械工业协会、中国包装联合会协会、中国电力企业联合会等行业协会以及北汽福田、北京东方国信、新余钢铁、美的集团、深圳市赢领智尚、安徽华茂纺织、国网福建电力等企业专家对案例的收集工作给予了大力的支持和帮助，在此一并表示诚挚的感谢。

工业数据治理是一个艰难的命题，其落地实施和深入推广尚需要进一步的总结和探索。本书的内容和观点虽然经过广泛而深入的讨论，在编写过程中也经过多次修改和提炼，但由于涉及领域宽、研究难度大，有些实践还待时间考验，加之编者的理论水平、眼界和视野所限，难免存在不少缺点和不足，敬请广大读者批评指正。

参考文献

1. 中国工业大数据技术与应用白皮书 [EB/OL].工业互联网产业联盟，2017.

2. 王毅，李佩璇，林德烨，等. 数据标识编码——连接材料基因组工程数据库与可传承集成智能制造的桥梁 [J].Engineering，2020(06)：62-80.

3. 任语铮，谢人超，曾诗钦，等. 工业互联网标识解析体系综述 [J].通信学报，2019 40(11)：138-155.

4. 刘阳. 一种面向制造的层次化的工业互联网标识设计 [J].自动化博览，2019，36(03)：32-34.

5. 田野，刘佳，申杰. 物联网标识技术发展与趋势 [J].物联网学报，2018，2(02)：8-17.

6. 汪允敏，李挥，王菡，等. 区块链在工业互联网标识数据管理策略研究 [J]. 计算机工程与应用，2020，56(07)：1-7.

7. 网络安全先进技术与应用发展系列报告——零信任技术（ZeroTrust）[R].中国信息通信研究院安全研究所 & 奇安信科技集团股份有限公司，2020.8.

附件 1

工业数据分类分级指南（试行）

第一章　总则

第一条　为贯彻《促进大数据发展行动纲要》《大数据产业发展规划（2016—2020年）》有关要求，更好推动《数据管理能力成熟度评估模型》（GB/T 36073—2018）贯标和《工业控制系统信息安全防护指南》落实，指导企业提升工业数据管理能力，促进工业数据的使用、流动与共享，释放数据潜在价值，赋能制造业高质量发展，制定本指南。

第二条　本指南所指工业数据是工业领域产品和服务全生命周期产生和应用的数据，包括但不限于工业企业在研发设计、生产制造、经营管理、运维服务等环节中生成和使用的数据，以及工业互联网平台企业（以下简称"平台企业"）在设备接入、平台运行、工业 App 应用等过程中生成和使用的数据。

第三条　本指南适用于工业和信息化主管部门、工业企业、平台企业等开展工业数据分类分级工作。涉及国家秘密信息的工业数据，应遵守保密法律法规的规定，不适用本指南。

第四条　工业数据分类分级以提升企业数据管理能力为目标，坚持问题导向、目标导向和结果导向相结合，企业主体、行业指导和属地监管相结合，分类标识、逐类定级和分级管理

相结合。

第二章　数据分类

第五条　工业企业结合生产制造模式、平台企业结合服务运营模式，分析梳理业务流程和系统设备，考虑行业要求、业务规模、数据复杂程度等实际情况，对工业数据进行分类梳理和标识，形成企业工业数据分类清单。

第六条　工业企业工业数据分类维度包括但不限于研发数据域（研发设计数据、开发测试数据等）、生产数据域（控制信息、工况状态、工艺参数、系统日志等）、运维数据域（物流数据、产品售后服务数据等）、管理数据域（系统设备资产信息、客户与产品信息、产品供应链数据、业务统计数据等）、外部数据域（与其他主体共享的数据等）。

第七条　平台企业工业数据分类维度包括但不限于平台运营数据域（物联采集数据、知识库模型库数据、研发数据等）和企业管理数据域（客户数据、业务合作数据、人事财务数据等）。

第三章　数据分级

第八条　根据不同类别工业数据遭篡改、破坏、泄露或非法利用后，可能对工业生产、经济效益等带来的潜在影响，将工业数据分为一级、二级、三级3个级别。

第九条　潜在影响符合下列条件之一的数据为三级数据：

（一）易引发特别重大生产安全事故或突发环境事件，或造成直接经济损失特别巨大；

（二）对国民经济、行业发展、公众利益、社会秩序乃至国家安全造成严重影响。

第十条　潜在影响符合下列条件之一的数据为二级数据：

（一）易引发较大或重大生产安全事故或突发环境事件，给企业造成较大负面影响，或直接经济损失较大；

（二）引发的级联效应明显，影响范围涉及多个行业、区域或者行业内多个企业，或影响持续时间长，或可导致大量供应商、客户资源被非法获取或大量个人信息泄露；

（三）恢复工业数据或消除负面影响所需付出的代价较大。

第十一条　潜在影响符合下列条件之一的数据为一级数据：

（一）对工业控制系统及设备、工业互联网平台等的正常生产运行影响较小；

（二）给企业造成负面影响较小，或直接经济损失较小；

（三）受影响的用户和企业数量较少、生产生活区域范围较小、持续时间较短；

（四）恢复工业数据或消除负面影响所需付出的代价较小。

第四章　分级管理

第十二条　工业和信息化部负责制定工业数据分类分级制度规范，指导、协调开展工业数据分类分级工作。各地工业和信息化主管部门负责指导和推动辖区内工业数据分类分级工

作。有关行业、领域主管部门可参考本指南，指导和推动本行业、本领域工业数据分类分级工作。

第十三条　工业企业、平台企业等企业承担工业数据管理的主体责任，要建立健全相关管理制度，实施工业数据分类分级管理并开展年度复查，并在企业系统、业务等发生重大变更时应及时更新分类分级结果。有条件的企业可结合实际设立数据管理机构，配备专职人员。

第十四条　企业应按照《工业控制系统信息安全防护指南》等要求，结合工业数据分级情况，做好防护工作。

企业针对三级数据采取的防护措施，应能抵御来自国家级敌对组织的大规模恶意攻击；针对二级数据采取的防护措施，应能抵御大规模、较强恶意攻击；针对一级数据采取的防护措施，应能抵御一般恶意攻击。

第十五条　鼓励企业在做好数据管理的前提下适当共享一、二级数据，充分释放工业数据的潜在价值。二级数据只对确需获取该级数据的授权机构及相关人员开放。三级数据原则上不共享，确需共享的应严格控制知悉范围。

第十六条　工业数据遭篡改、破坏、泄露或非法利用时，企业应根据事先制定的应急预案立即进行应急处置。涉及三级数据时，还应将事件及时上报数据所在地的省级工业和信息化主管部门，并于应急工作结束后30日内补充上报事件处置情况。

附件 2

工业和信息化部关于工业大数据
发展的指导意见

工业大数据是工业领域产品和服务全生命周期数据的总称，包括工业企业在研发设计、生产制造、经营管理、运维服务等环节中生成和使用的数据，以及工业互联网平台中的数据等。为贯彻落实国家大数据发展战略，促进工业数字化转型，激发工业数据资源要素潜力，加快工业大数据产业发展，现提出如下意见。

一、总体要求

坚持以习近平新时代中国特色社会主义思想为指导，深入贯彻党的十九大和十九届二中、三中、四中全会精神，牢固树立新发展理念，按照高质量发展要求，促进工业数据汇聚共享、深化数据融合创新、提升数据治理能力、加强数据安全管理，着力打造资源富集、应用繁荣、产业进步、治理有序的工业大数据生态体系。

二、加快数据汇聚

（一）推动工业数据全面采集。支持工业企业实施设备数

字化改造，升级各类信息系统，推动研发、生产、经营、运维等全流程的数据采集。支持重点企业研制工业数控系统，引导工业设备企业开放数据接口，实现数据全面采集。

（二）加快工业设备互联互通。持续推进工业互联网建设，实现工业设备的全连接。加快推动工业通信协议兼容统一，打破技术壁垒，形成完整贯通的数据链。

（三）推动工业数据高质量汇聚。组织开展工业数据资源调查，引导企业加强数据资源管理，实现数据的可视、可管、可用、可信。整合重点领域统计数据和监测数据，在原材料、装备、消费品、电子信息等行业建设国家级数据库。支持企业建设数据汇聚平台，实现多源异构数据的融合和汇聚。

（四）统筹建设国家工业大数据平台。建设国家工业互联网大数据中心，汇聚工业数据，支撑产业监测分析，赋能企业创新发展，提升行业安全运行水平。建立多级联动的国家工业基础大数据库，研制产业链图谱和供应链地图，服务制造业高质量发展。

三、推动数据共享

（五）推动工业数据开放共享。支持优势产业上下游企业开放数据，加强合作，共建安全可信的工业数据空间，建立互利共赢的共享机制。引导和规范公共数据资源开放流动，鼓励相关单位通过共享、交换、交易等方式，提高数据资源价值创造的水平。

（六）激发工业数据市场活力。支持开展数据流动关键技术攻关，建设可信的工业数据流通环境。构建工业大数据资产价值评估体系，研究制定公平、开放、透明的数据交易规则，加强市场监管和行业自律，开展数据资产交易试点，培育工业数据市场。

四、深化数据应用

（七）推动工业数据深度应用。加快数据全过程应用，发展数据驱动的制造新模式新业态，引导企业用好各业务环节的数据。

（八）开展工业数据应用示范。组织开展工业大数据应用试点示范，总结推广工业大数据应用方法，制定工业大数据应用水平评估标准，加强对地方和企业应用现状的评估。

（九）提升数据平台支撑作用。发挥工业互联网平台优势，提升平台的数据处理能力。面向中小企业开放数据服务资源，提升企业数据应用能力。加快推动工业知识、技术、经验的软件化，培育发展一批面向不同场景的工业 App。

（十）打造工业数据应用生态。面向重点行业培育一批工业大数据解决方案供应商。鼓励通过开展工业大数据竞赛，

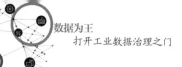

助力行业创新应用。加大宣传推广力度，开展线上线下数据应用培训活动。

五、完善数据治理

（十一）开展数据管理能力评估贯标。推广《数据管理能力成熟度评估模型》（GB/T 36073—2018，简称 DCMM）国家标准，构建工业大数据管理能力评估体系，引导企业提升数据管理能力。鼓励各级政府在实施贯标、人员培训、效果评估等方面加强政策引导和资金支持。

（十二）推动标准研制和应用。加强工业大数据标准体系建设，加快数据质量、数据治理和数据安全等关键标准研制，选择条件成熟的行业和地区开展试验验证和试点推广。

（十三）加强工业数据分类分级管理。落实《工业数据分类分级指南（试行）》，实现数据科学管理，推动构建以企业为主体的工业数据分类分级管理体系。

六、强化数据安全

（十四）构建工业数据安全管理体系。明确企业安全主体责任和各级政府监督管理责任，构建工业数据安全责任体系。加强态势感知、测试评估、预警处置等工业大数据安全能力建设，实现闭环管理，全面保障数据安全。

（十五）加强工业数据安全产品研发。开展加密传输、访问控制、数据脱敏等安全技术攻关，提升防篡改、防窃取、防泄露能力。加快培育安全骨干企业，增强数据安全服务，培育良好安全产业生态。

七、促进产业发展

（十六）突破工业数据关键共性技术。加快数据汇聚、建模分析、应用开发、资源调度和监测管理等共性技术的研发和应用，推动人工智能、区块链和边缘计算等前沿技术的部署和融合。

（十七）打造工业数据产品和服务体系。推动工业大数据采集、存储、加工、分析和服务等环节相关产品开发，构建大数据基础性、通用性产品体系。培育一批数据资源服务提供商和数据服务龙头企业，发展一批聚焦数据标准制定、测试评估、研究咨询等领域的第三方服务机构。

（十八）着力构建工业数据创新生态。支持产学研合作建设工业大数据创新平台，围绕重大共性需求和行业痛点开展协同创新，加快技术成果转化，推动产业基础高级化和产业链现代化。

八、加强组织保障

（十九）健全工作推进机制。省级工业和信息化主管部门（大数据产业主管部门）要建立工业大数据推进工作机制，统

筹推进地方工业大数据发展。鼓励各地因地制宜加强政策创新，开展重大问题研究，实施政策评估咨询，助力工业大数据创新应用。

（二十）强化资金人才支持。发挥财政资金的引导作用，推动政策性银行加大精准信贷扶持力度。鼓励金融机构创新产品和服务，扶持工业大数据创新创业。完善人才培养体系，培育既具备大数据技术能力又熟悉行业需求的复合型人才。

（二十一）促进国际交流合作。围绕政策、技术、标准、人才、企业等方面，推进工业大数据在更大范围、更宽领域、更深层次开展合作交流，不断提升国际化发展水平。